—— 八闽茶韵 ——

天山绿茶

福建省人民政府新闻办公室　编

编　著：周玉璠　吴洪新

海峡出版发行集团 | 福建科学技术出版社
THE STRAITS PUBLISHING & DISTRIBUTING GROUP | FUJIAN SCIENCE & TECHNOLOGY PUBLISHING HOUSE

图书在版编目（CIP）数据

天山绿茶 / 福建省人民政府新闻办公室编；周玉璠，吴洪新编著. —福州：福建科学技术出版社，2019.6
（“八闽茶韵”丛书）
ISBN 978-7-5335-5790-4

Ⅰ. ①天… Ⅱ. ①福… ②周… ③吴… Ⅲ.①绿茶－茶文化－福建 Ⅳ. ①TS971.21

中国版本图书馆CIP数据核字（2018）第298937号

书　　名　天山绿茶
　　　　　“八闽茶韵”丛书
编　　者　福建省人民政府新闻办公室
编　　著　周玉璠　吴洪新
出版发行　福建科学技术出版社
社　　址　福州市东水路76号（邮编350001）
网　　址　www.fjstp.com
经　　销　福建新华发行（集团）有限责任公司
印　　刷　福建彩色印刷有限公司
开　　本　700毫米×1000毫米　1/16
印　　张　8.75
图　　文　140码
版　　次　2019年6月第1版
印　　次　2019年6月第1次印刷
书　　号　ISBN 978-7-5335-5790-4
定　　价　48.00元

序　言

梁建勇

“八闽茶韵”丛书即将出版发行。以茶文化为媒，传承优秀传统文化，促进对外交流，很有意义。

福建是中国茶叶的重要发祥地和主产区之一。好山好水出好茶，八闽山水钟灵毓秀，孕育了独树一帜福建佳茗。早在 1600 年前，福建就有了产茶的文字记载。北宋时，福建的北苑贡茶名冠天下，斗茶之风风靡全国，催生了蔡襄的《茶录》等多部茶学名作，王安石、苏辙、陆游、李清照、朱熹等诗词名家在品鉴闽茶之后，留下了诸多不朽名篇。元朝时，武夷山九曲溪畔的皇家御茶园盛极一时，遗址至今犹在。明清时，福建人民首创乌龙茶、红茶、白茶、茉莉花茶，丰富了茶叶品类。千百年来，福建的茶人、茶叶、茶艺、茶风、茶具、茶俗，积淀了深厚的茶文化底蕴，在中国乃至世界茶叶发展史上都具有重要的历史地位和文化价值。

茶叶是文化的重要载体，也是联结中外、沟通世界的桥梁。自宋元以来，福建茶叶就从这里出发，沿着古代丝绸之路、“万里茶道”等，远销亚欧，走向世界，成为与丝绸、瓷器齐名的“中国符号”，成为传播中国文化、促进中外交流的重要使者。

当前，福建正在更高起点上推动新时代改革开放再出发，“八闽茶韵”丛书的出版正当其时。丛书共12册，涵盖了福建茶叶的主要品类，引用了丰富的历史资料，展示了闽茶的制作技艺、品鉴要领、典故传说和历史文化，记载了闽茶走向世界、沟通中外的千年佳话。希望这套丛书的出版，能让海内外更多朋友感受到闽茶文化韵传千载的独特魅力，也期待能有更多展示福建优秀传统文化的精品佳作问世，更好地讲述中国故事、福建故事，助推海上丝绸之路核心区和“一带一路”建设。

2019年2月

目 录

一

天山千年古茶韵

（一）道人天山植“仙茶”

提起世界茶树的原产地，大家都知道是中国云南一带，而天山系茶树原产地的同源演化区域或隔离分布区域，却极少人知晓。何谓同源演化区域？通俗讲，就是同一茶树发源地分布于不同区域。其根据是天山山脉与茶树原产地纬度相同，有相近的地质成因年代；相似的地壳变迁，同属中生代早期（三叠纪）大海退后遂成陆地；

宁德蕉城区野生大茶树高 10 米，树幅 4.5 米，基部直径 0.26 米（吴洪新摄）

同有野生茶树群落分布，现存有砍后最大直径 53 厘米树桩、树高 10 米的大茶树。茶树品种以天山菜茶为主群体变异的大、中、小叶种，如天山雷鸣茶、早清明、清明茶、吴山早芽、中芽、早春分茶、春分、不知春，大叶种、银针茶，单丛"曲枝叶"、栲叶茶、椭叶茶，等等。

天山茶区种茶历史悠久。早在几万年前的旧石器时代和新石器时代，就有百越族和后来的闽越族先民于此生息，最早以茶为药是在商周时期。据黄幼声报道，在远古（7000—15000 年前），这里的丹丘山和霍山上有燧人氏于此"造火"。《道藏》记载："燧人氏造火于丹霍之山（即天山，旧称天老山中的丹丘山和霍山——引者注）。"火的发现使先民生活发生巨大飞跃。商周时期，仙道丹丘子、霍桐真人在天山以茶修炼，成为仙草茶（仙道茶），到汉、三国后，著名的炼丹家、化学家群集于丹丘山、霍山（天老山、天山），种植茶树，将茶叶用于炼丹、制药，并作饮用。

关于丹丘子和丹丘山之类的故事，在福建蕉城区一带民间多有流传。据说，丹丘子是 4000 多年前圣君唐尧的儿子丹朱的后代，专以炼丹术长生的道士。南朝梁（502）后，道教理论家陶弘景，也是一位知茶识茶的医学家，曾隐居蕉城天山山麓今洋中镇中和坪元禧观修炼。他在《杂录》中亦记载："服苦茶轻身换骨，惜丹丘子、黄山君服之。"

丹丘子在蕉城区名山有修炼、饮茶等活动之地，丹丘山、丹丘洋、丹丘田处于天山西部的霍山顶（今虎贝乡西南部海拔 1500 米的无名峰）附近，其侧峰为第一旗（海拔 1479.1 米，在虎贝乡西南部），处于屏南县、古田县交界。汉刘向《列仙传》记载，相传周时，仙人霍桐入此修炼（后得道于此），故将此山命名为霍桐山。

丹丘山、霍山一带的“璞玉”（仙道洞穴）（游上禄摄）

霍桐山又称霍山，原名天老山，大童峰为其主峰之一。那时道教求仙学道者，如东汉末年左慈、道教创始人之一的葛玄（左慈门生）、郑思远（葛玄门生）、葛洪（葛玄从孙），此后还有邓伯元、王玄甫、诸伯玉、司马承祯、白玉蟾（葛长庚）、程仙翁、周兴能等均在此修炼。宫观道士以茶招待游客，进而以茶作为祈祷、斋戒、祭祀等献品。道教促进了后来天山（含支提山）茶区名茶的发展和传播。

天山绿茶的原产地——宁德市蕉城区（原宁德县）洋中镇（古为二十三都，又称西乡）的天山（天老山）一带流传着许多神奇美妙的奇闻逸事。

源于洋中镇章后村与际头村之间千米山峰——无坪山宝顶峰及中天山的滞下溪，除有峰峦上碧波荡漾的中心葫之外，沿溪又有住泊龙潭、午日龙潭等瀑布、溪涧深潭。午日龙潭，地处天山山脉九

宁德蕉城区洋中镇

龙山以东，据清乾隆《宁德县志》记载，午日龙潭“四山环绕、树木蓊郁。岩头瀑布千浔，泻落潭中。其潭有三，蒙密不见天日，惟正午时，日方照之，故名午日龙潭。祷雨辄应”。传说，该龙潭古有蛟龙，从洋中溪龙潭石飞跃居天山午日龙潭。清乾隆福宁郡守李拔撰《午日龙潭》诗曰：

坂桥溪畔水拖兰，潭下骊龙睡正酣。

潜德等闲田未见，惟余午日曜天南。

天山午日龙潭附近村民多于岩上垦园种植茶树，采制的茶叶品质特异，清明日正午响雷时节采制的茶芽还具有药用功效。当地村民还于每年农历五月端午节的午时，在龙潭岩上、山涧湖畔采集草

药，制药茶，治疗风寒、滞泻等疾。相传，古代有一位人称“程公”（程仙翁）的道教人士，常于附近采摘茶叶和草药，泡制药品，为民驱邪医病。有一年五月端午时节，他到午日龙潭山岩采药，忽然觉得自己身体飘然而升空“成仙”。人们说这是午日龙潭的龙王显灵给了他好报应。此后当地人们流传从善报德和天山茶医病救人的神话。

总之，天山茶区自远古至唐朝，先后有中国著名的道教、佛教名人及官员进出，为先进的茶叶生产、制作技艺的交流提供了便利条件。

天山午日龙潭

洋中溪龙潭石（吴洪新摄）

（二）丞相传播中原茶技

唐朝时，随着佛教的盛行，在庙宇、道观、风景胜地已栽培茶树。在宁德县西乡天山茶区，也大量垦植茶园。

周导座像

唐朝中后期，茶业更加兴盛。唐末，有一批先民由周导引领，从中原来到天山周围定居。据史料记载，周导，字宗政，系唐广明元年（880）从河南省光州固始县跟祖父随王潮、王审知启行，于唐景福元年（892）进入福州，辅佐闽王。932年，应吴越国“择能院”之选到吴越国为官，后晋开运三年（946）隐居天山山麓的西乡兰桥（今洋中镇莲下），并于宋乾德五年（967）以“德高望重，很得宋太祖赏识被召上朝”廷授中书右相、金紫光禄大夫。其长子周霆(户部尚书）定居洋中村，其余子孙亦散居天山及山麓周围茶区村庄，带来了中原和江南名茶区先进的茶叶产制技艺和农业生产、水利等

周导故里——宁德洋中

从洋中远眺天山（九龙山）（吴洪新摄）

技术。经与当地原有的种茶技术和制茶工艺相结合，产制出的贡茶、礼茶品质更加优异。河南省光州位于该省的东南方（即现光州、固始一带），早在唐朝就是著名的茶区之一。唐陆羽《茶经》（758），就有当地被称为上品的“光州茶”（饼茶类）的记载。

周导不仅从中原带来茶叶生产技术，还带来水利技术。他引导先民引水灌溉、引水进村和挖井，用于生产、生活。此外，还开渠引水，

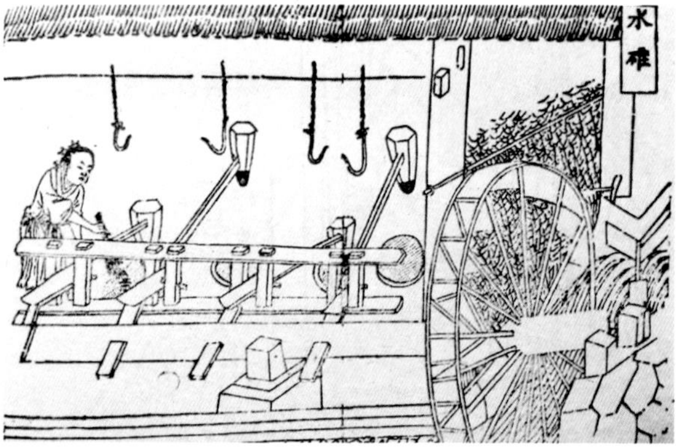

古籍上的水碓示意图

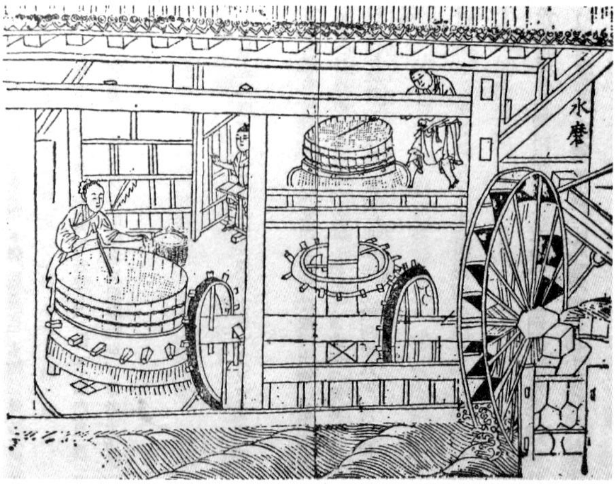

古籍上的水磨示意图

利用水转轮（即水轮带茶磨）来制作蜡面贡茶及饼茶：先用水力碓具捣碎茶叶，然后加压制成饼，再加石膏蜡面。这改变了当地加工全靠手工的生产方式。他还引导发展较大规模制造蜡面贡茶的制茶工坊。直至 20 世纪 70 年代，洋中俗称“碓后”的地方，仍保留有古代流传下来的水碓、水磨，应用于碓米、磨麦、磨桐油饼等。

周导另一被人称颂的是，他与儿孙鼎力相助建寺院，传播寺庙文化和名茶文化。宋开宝四年（约 971），他捐赠一千石（折 267 公顷）帮助杭州（原吴越首府）灵隐寺了悟禅师，开建今宁德蕉城区的支提寺（现为全国重点保护佛教寺庙）。该寺产制的“支提茶”（天山绿茶前身），其品质屡被明清名人和史典所传赞。

（三）元表大师的跨国茶缘

在华夏大地上，但凡著名的佳茗，总是和灵山秀水紧密相关，总是与名胜古刹结缘。宁德支提寺建成后，形成了“绕寺青山万树茶”的兴旺景象，支提山成为天山绿茶的发祥地之一。

支提寺山乃楼上匾额，系永乐帝题字（引自《中国福建茶叶》）

支提山华严寺，是全国

支提山总图（引自清代崔岱纂《宁德支提寺图志》）（宋经摄）

汉传佛教重点寺院，为中国东南名山霍童山（即霍山，古称天老山）唯一的皇家寺院。在其建造之前尚有一个鲜为人知的中韩僧人交往的故事。

据《宁川茶脉》载，唐天宝年间（742—756），新罗（韩国）高僧元表，入唐求学，天竺求法，遂携《华严经》八十卷寻找支提山。他来到天冠菩萨道场，看到群峰环

那罗岩碑记（刻于明万历年间）

绕状似千叶莲花，天山西北的支提山那罗延窟，酷似佛祖释迦牟尼成佛的地方（即《华严经》中描绘的支提山），于是，他躬负《华严经》住入天然石窟——那罗延窟（今宁德蕉城区虎贝）。故而，该石窟被尊为“中国华严祖洞”。

约在 755 年，元表大师回到新罗，带去天山茶的工艺制法。他还在迦智山建造了宝林寺，据说此寺酷似支提山华严寺。

2009 年 3 月，韩国世界禅茶协会会长崔锡焕参访宁德支提山华严寺。参观过程中，当地法师打开硕大的贮茶锡盒时，满屋顿时飘满了茶香。他端起茶杯饮用天山绿茶，说道：“这个茶好像跟韩国喝过的茶味道一样。”他还问了制茶方法。当地法师告诉他，是将茶叶放在铁锅里用手揉炒。他说这几乎跟韩国的制茶方法一致。崔锡焕又问采茶的时机，当地法师告诉他在清明和谷雨前夕。其答案

那罗延窟（引自《宁川茶脉》）

韩国迦智山宝林寺（引自《宁川茶脉》）

均与韩国非常吻合。这引起了崔锡焕的兴趣，他决定在采茶季节来看看制茶方法。

2012 年 4 月谷雨前一天，崔锡焕再度来到宁德市支提山华严寺观察了采茶与制茶过程，发现确实与韩国的方法类似。制作时都将茶叶放在铁锅里炒、在草席上用手揉捏，其方法几乎一致无二。两地茶味也一致。这些完全证实元表大师早年将采制技术从天山支提山传到韩国的史实。

2015 年，崔锡焕和韩国顺天乡大学中文系教授朴现圭，分别发表了《考察元表大师的茶脉》《新罗僧元表行迹》两篇论文，对元

中韩僧人祭拜元表大师

表大师与宁德支提山华严寺的渊源，以及元表大师将宁德天山制茶技艺传播到韩国的贡献做了论述。

2018 年 6 月 17 日，在支提山华严寺，韩国国际禅茶文化研究会与宁德蕉城区佛教协会举行了第十四禅茶雅会暨中韩禅茶文化交流会。中、韩双方开展了学术文化交流与禅茶茶艺表演，还在天冠说法台举行了和平茶礼活动。崔锡焕一行十余人出席了交流活动。中、韩双方各自献演了禅茶茶艺，向元表法师画像作供茶仪式，进行了学术交流。

千年前，一代高僧成就了中韩茶文化交流的一段佳话。

（四）忠贞姑娘苦茶情

据载："我国榷茶之制，正式施行于宋。宋朝榷制，在名茶区和要会之地。""我国茶叶专卖制度，历宋朝、元朝、明朝一直到清朝后期才告结束。"宋代榷茶引起茶农的反抗，曾波及宁德县（今蕉城区，俗称宁川）。

据元朝（1345）脱脱等《宋史》中撰：

> 叶浓本纪第二十五（建炎二年）六月……癸亥。建州卒叶浓等作乱，寇福州。
>
> 秋七月甲申，叶浓入宁德县，复还建州。命张俊同两浙提点刑狱赵哲率兵讨之。
>
> 十一月……癸巳。赵哲大破叶浓于建州城下，浓遁而降。复谋为变。张俊擒斩之。

《宁德县志》也有"建炎二年七月，叶浓自福州来寇，其毁城郭及官署民居，长溪令潘中统兵赴救，拒战死之"之记载。这说的是，1128年，六月癸亥这天，叶浓率领建州的园户举行起义。叶浓可能是建州的一个茶叶巡防卒。叶浓率起义军由建州攻打下福州。七月甲申，起义军由福州向东北攻下宁德，之后再往北回到建州。十一月癸巳，起义军在建州城下为赵哲所败，后来叶浓准备再次起义时，被张俊杀害了。

这是中国历史上首次茶农起义，影响很大。在宁德茶区还流传"忠贞姑娘苦茶情"的故事。伊漪在《姑娘坪野生茶树的传说》一文中对此做了生动的描述：

姑娘坪，坐落在宁德市蕉城区虎贝乡梅鹤村长艮岗山麓，海拔700米处，那儿有晶莹剔透的霍童溪水潺潺流过，有市内最高的1500米无名山峰及数十座巍峨的千米山峰环抱，原始森林中还有成片成片的野生苦茶树林。茶叶泡后苦涩中蕴藏缕缕清香，故山民们称之为苦茶。远方的客人来到姑娘坪，好客的主人一定会献上一杯碧绿的苦茶，再给你讲述一个古老而动人的传说……

这儿原来并不叫姑娘坪，只是一个平凡而偏僻的无名小山村。村民们祖祖辈辈在这块土地上辛劳耕作，过着与世无争的日子。可是，南宋末年，金兵大举进逼，高宗一再南逃，无意收复中原，朝廷内部政治斗争异常激烈，南宋王朝处在风雨飘摇之中。建炎三年（1129）建州（今福建建瓯）一带出现严重的灾荒。次年，瓯宁县农民终于在回源峒发动起义，起义军以雷霆万钧之势大败朝廷官军，

忠贞姑娘苦茶情（徐君陶绘）

声震八闽大地，也激发了一个青年的热情，“王侯将相，宁有种乎”的豪情壮志鼓舞着他。他决心走出小山村，告别这块生他养他的土地，投奔起义大军。临行前，他将祖辈传给他的一只翡翠镯子送给心爱的姑娘。姑娘明白他的心事，低头羞涩地对他说：“金人入侵，朝廷昏庸，起义大军是为百姓造福的，你放心走吧，我等你回来。”青年默默转身，在姑娘含情脉脉的泪光中一步一步向山外走去……

春夏之间，山村常常流行一种奇怪的热毒病，痛苦难熬，久治不愈。青年走后，他年老的父母不幸得了这种病，姑娘每天戴着那只翡翠手镯，精心伺候病重的老人，望穿秋水，等待青年回来。

绍兴元年（1131），高宗诏令农民军“放散”“归农”，农民军拒不解散，继续斗争。绍兴二年正月，韩世忠领兵入闽镇压，围攻建州，攻城六日，城内农民军宁死不降，三万余人全部战死……

噩耗传来，青年父母悲痛欲绝，病重不起，双双归天。姑娘含泪埋葬了老人，日日手握翡翠镯子，柔肠寸断，不出半年姑娘也香消玉殒了。姑娘的妹妹遵照她的遗愿，将姐姐与那只手镯合葬。姑娘下葬那日，大雨滂沱，霍童溪溪水猛涨，数日不退。

第二年春天，枯黄了一季的野草又舒展了娇嫩的腰肢，山花也绽放迷人的笑靥。不幸的是，这年热毒病再一次泛滥，姑娘的妹妹和许多山民都染上了这种病。有一天，妹妹来到姐姐的坟前，她吃惊地发现这里竟长出一株翠绿的茶树。茶树亭亭玉立，临风摇曳，芽叶尖长油润，折射出翡翠般怡人的光泽，散发着诱人的清香，仿佛一位袅娜多姿的少女。妹妹情不自禁地将嫩叶采下，泡成茶，茶水清澈碧绿，细细品尝，沁人心脾的馨香中伴着一股苦涩。奇怪的是，妹妹饮了这杯苦茶，热毒病奇迹般地好了起来。从此，妹妹

姑娘坪石门峡野生大茶树花蕾（吴洪新摄）

把这苦茶叶分给得病的山民，用清冽的霍童溪溪水冲泡，无不茶到病除。若是山外人得了病，妹妹也带上茶叶，翻山越岭，千里迢迢为人治病。

岁岁年年，秋去春归，山上的野茶树长成一片片茶林，山民们长年饮用这种苦茶，越活越健朗，百岁老人比比皆是。于是，姑娘坪野生苦茶的神奇功效伴着妹妹的美名与姐姐的爱情故事越传越远，久而久之，苦茶成了当地山民吉祥、祈福、保平安的一种寄托，以致当地流行茶谚称：“日日三盅茶，官符药材不交家。”

人们为了纪念姐姐纯洁忠贞的爱情和妹妹的善良好施，便把这小村庄命名为“姑娘坪”。环抱村庄的那座最伟岸峻秀的高山，因人们怀念那位不知名的反朝廷英雄，称之为无名峰。无名峰年年月月与姑娘坪相依相伴。

如今，姑娘坪千年野生苦茶树依然郁郁葱葱，它的天然药用和保健功效引起了茶叶专家的重视，他们多次亲临原始森林考察。专家呼吁，保护这难得珍贵的野生苦茶资源，对深入研究茶树物种起源及植物遗传优化育种，发展开发宁德市名优茶叶品牌都很有意义。野生苦茶具有很高的学术价值与经济效益。

温柔而坚韧的山风，日日夜夜唱着低回缠绵的情歌。霍童溪溪水汩汩滔滔，长流不息……

（五）“国师”进谏改贡芽茶

中国自周朝以来就有贡茶。明洪武皇帝朱元璋摈废团饼贡茶，改贡芽茶，这与宁川“国师”周斌有很大联系。

据史载和传说，周斌（1331—1395），为明建文、永乐两帝师。癸丑（1373）授建州郡儒学教授，他在自己故乡（宁德洋中）和建州两地贡茶区，体会到农民生产、生活状况。这一生活经历与其后入京陈议“政教大端”不无关系。

明洪武壬戌（1382）正月，边疆云南逐告平定，朝廷昭告天下，选拔人才，周斌撰有《贺表》呈递京都，洪武皇帝阅后深感满意，“有金币之赐”。洪武辛未（1391），洪武帝召见他于便殿，询以有关政事和治国大计。他谈论时政，褒善贬弊，也谈及茶农制造团饼贡茶的繁重负担，推荐家乡宁德的天山茶高级产品——芽茶。明太祖十分器重他的“质直”，授他为中都国子司业，赢得从游者三千人，哺育出后来的建文帝朱允炆、永乐帝朱棣及大学士杨荣、尚书郑赐等君臣和许多国家栋梁之材。就在明太祖朱元璋召见周斌询以治国大计和陈述贡茶的当年（即1391年），洪武帝下诏废除贡茶“官焙”，罢贡建州北苑龙凤茶，改为进贡芽茶（即绿茶散茶），并且减少了贡茶数量，此举大大

“国子先生”——周斌画像

位于宁德洋中国师公园的周斌塑像（吴洪新摄）

建于周斌故里的明太祖钦赐“国子先生”里坊

减轻了建安等贡茶区人民的负担。

他去世后，洪武帝亲派工部尚书郑赐（周斌门生），从京都运去敕赐三块大石碑，并在村口建有明太祖钦赐“国子先生”里坊纪念他。

（六）名茶素负盛名的成因

天山茶之所以素负盛名，成为贡茶，其原因有三。

其一，产茶源远流长，早于商周时就始以茶为药。

其二，历史上帝王钦泽宁川，宋开宝四年（971）吴越王钱俶遣使建支提寺，宁川籍丞相周导捐田资助。寺建成后，历受皇家恩赐，现存有明朝4件国宝。僧侣及各界名士络绎不绝，天山茶前身支提茶素负盛名。

其三，茶区内外，世代有全国各界知名人士莅临宁德。据明《宁德县志》载，自唐以来，有李白、辛弃疾、陆游、朱松、朱熹、吕祖谦、张栻、韩世忠、陈嘉言、王小明、唐寅、戚继光、郑和、谢肇淛、姜虱绿等名流人士流寓或驻足于今蕉城城区或洋中镇、支提寺。据史料不完全统计，自宋宣和元年（1119）至清乾隆四十八年（1781）的663年间，从全国20多个省的962位人士来到宁德上任（其中任知县191人）。同时，宁德籍的人士，常往来于宁德与京都或各地之间。自宋开宝二年（969）至清乾隆年间的810多年来，约计有职官、生员近千人，其中进士超过108人。他们有的在京都为官，如宋乾德五年（967）廷授中书右相的周导、宋雍熙户部尚书周霆（洋中）、宋绍熙状元余复、宋咸淳状元阮登炳、明洪武 “国子先生” 周斌 、明成化尚书林聪等。天山茶品质优异（明清古籍屡有天山胜地茶“支提为最”的记载），再加上知名人才的流动传播，增加了茶品的流通，也促使名茶和贡茶的交流和发展，提高了天山名茶在上层社会的知名度和美誉度，自然名扬四海。

二

灵山秀水孕佳茗

（一）“香味天成”之地

出宁德市蕉城区市区，西行二三十公里，即到著名的“宁德好西乡”——古代闽东茶叶集散中心之一的西乡（即今洋中镇）。跨过洋中溪翻越鞠多岭古官道，即进入群山起伏、层峦叠嶂、村庄散布的山区，这里就是天山绿茶的故乡。天山山脉（古称天老山），东从霍童镇西至西部洋中、虎贝丹丘山、那罗延窟、碧支岩与古田、屏南交界处，山北有支提山（古称霍山或霍童山），山南有天山或天兜山。天山，是山名，也是地名。为了区别于天山之外产区的茶叶，当地群众又把里、中、外天山所产的绿茶称为“正天山绿茶”（古称支提茶）。

宁德洋中天山山脉（陈言斗供）

天山绿茶原产于蕉城区西乡天山冈下洋中镇章后行政村的中天山、铁坪坑和际头行政村的梨坪村，从无坪山（宝顶，或称宝宝顶）“中心葫”延伸四向，东接章后村，西连际头村、南坪村，南达留田村，北至邑宝村、芹屿村，延至支提寺一带，分布在里、中、外天山的近百个自然村，方园数十公里。

天山山势雄伟，主峰宝顶海拔 1143 米，坡谷延绵，双溪萦回宛如玉带，河岸多危崖陡壁。茶园多辟于岩上、溪边或山坡谷地。茶园土壤以砂质壤土为主，也有部分棕色森林土，含有砂砾，腐殖质较多，透水性好，极有利于茶树生长。天山茶树属菜茶有性群体，

宁德蕉城区天山际头村（《福建茶文化》摄制组摄）

宁德蕉城区赤溪西坑茶园（周思颖、李加进供图）

其中早芽的有春分茶、雷鸣茶、早清明、早芽、特早种、清明茶、四季春，中芽的有谷雨茶、吴山中芽、半清明、菜茶，迟芽的有不知春等。以中芽种占多数。中华人民共和国成立后，还引进少量大白茶和金观音、黄观音等国家级优良品种，为进一步提高天山绿茶的质量创造了条件。生长在天山的云海雾天、高湿环境里的茶树，叶肥芽壮，持嫩性强，是制造高级绿茶的良好原料。

天山绿茶主产区，遍布洋中、石后、虎贝、霍童、洪口、九都、赤溪、八都、七都、金涵、飞鸾等产茶乡（镇）。2017 年全区茶园面积 8867 公顷，产茶 12781 万吨，产值 78026 万元。

（二）天山茶区地理地质特征

地理位置

福建天山绿茶的原产地和主产地，位于福建省的东北部，鹫峰山脉东南山麓，东海南部台湾海峡的西北岸。地处东经119°8′30″—119°51′20″，北纬26°30′36″—26°58′，北承江、浙、沪，南连珠三角，东临台湾海峡，处于中国海岸线的中点。东南部的三都澳与三沙湾相邻，与霞浦县隔海相望，东北与福安市相连，北部与周宁县交界，西与屏南县毗邻，西南紧靠古田县，南与福州市罗源县接壤。东西宽约70公里，南北长约50公里，区域总面积1664.96平方公里，土地总面积1491.57平方公里，海域面积173.01平方公里。

蕉城区背山面海，是典型的沿岸多山县。东部海岸线长达211.04公里，曲折而幽深，最突出的是形成了“中国第一，世界少有”的世界名港三都澳和中国大黄鱼产卵场官井洋。西部峰峦叠嶂，丘陵起伏，构成了三个层次的地理分区，孕育了天山绿茶的原产地，古代天下“第一洞天”的霍山（霍童山）、明代永乐皇帝赐予的“天下第一山”——支提山也在其境内。

处于这个特殊地理位置的蕉城区，打造了两个中国牌（中国名茶、中国大黄鱼产卵场），三个“天下”第一（即中国第一深水港、第一洞天、第一山），还形成了与中国茶树原产地同纬度的“演化区域”之一。

宁德蕉城区境内峰峦叠嶂，丘陵起伏，具备良好的种茶环境条件（谢书秋摄）

地质构造

蕉城区地处东亚大陆边缘，濒太平洋新华夏系构造带。在区域上，它位于浙江丽水一政和一广东大浦新华夏深大断裂带之东侧。地质年代的地层残缺不全，形成了“重山叠水”的复杂而特殊的垂直、多样化的自然环境，优异的产名茶的生态条件。

从蕉城区的地质年代、构造，濒临太平洋、喜马拉雅的断裂运动等情况来看，有许多方面与茶树原产地的云贵地区有类似性。

岩性

天山茶区内出露的地层简单，岩性复杂多变，以中生代的上侏罗系和下白垩统石帽山群地层分布最广泛。岩性为各种火山岩和火山碎屑沉积岩，出露面积可达 969.99 平方公里，约占陆地面积的 70%。其中，火山岩 929.99 平方公里，火山碎屑沉积岩约 40 平方公里。它们受内外应力的长期相互作用，组成了中山、低山和部分丘陵地貌的基岩。新生代的第四系松散堆积土层，主要分布在山间盆地、山前平原和海积平原中，面积约 115 平方公里，占陆地面积 7.71 %。土壤有沙壤土、黏土、黏土质碎石砾、泥炭土和海积淤泥黏土等。虎贝黄柏附近，零星分布着前震旦系建欧群变质岩，为最古老的地层，面积仅 1 平方公里。

宁德蕉城区土壤适于茶树生长（韩丹茶园）

地形地势

天山茶区——蕉城区的主要地形地势类型有中山、低山、高丘、低丘、山间盆谷、山前冲、海积平原、滩涂。据原宁德县农业区划办资料，蕉城区地形地势主要有如下特征。

地势呈三级阶梯分布：区内地势自西向东呈现三级梯阶式下降，蕉城市区南北一线的东西两向地势迥然不同，呈西北、西南、东北三向高，东南向低的特征。

水系发达，呈树枝状展布：区内有霍童溪、七都溪、大金溪等

宁德蕉城区水系发达（霍童溪畔茶园）（谢书秋摄）

三条主要河流，洋中溪、虎贝溪、赤溪等许多支流或水系河流，分别发源于西北部和西南部。水系特点是：流程短、坡降大、水流急。总汇水面积 1254.78 平方公里，占全区总面积的 84.12%，均于东南部汇入三都澳港湾。这些溪流均穿越天山绿茶主产区。

海岸线曲折：区内海岸线总长 211.04 公里，其中大陆海岸线 102.6 公里，多为岩石海岸。岛屿 27 个，呈平行的屏障排列。主要海湾，口小腹大、水深，海湾内有著名的天然良港三都澳和大黄鱼产卵场官井洋。

（三）天山茶区气候特点

天山茶区西北依山，有海拔千米以上高峰 80 余座；东南临海，为低缓冲积和海积平原，海拔仅 5—15 米。冬可阻挡寒冷干燥的西北风，夏纳温湿的东南海风，形成了冬无严寒、夏无酷暑的微域小气候。境内东南沿海低丘、平原属中亚热带季风湿润气候，西北部内陆山地为中亚热带山地气候。

境内年平均气温 13.9—19.3℃；年平均降雨量 1616—2143 毫米，空气相对湿度 79%—82%；极端最低气温 -2.4—-6.7℃，极端最高气温 39.4—40.7℃，极端最低温尚高于茶树临界低温（-8℃）。无霜期 230—318 天，雾日 10—100 天，霜日 10—30 天。这些气候要素均适合于茶树生长，有利茶叶生产。

宁德蕉城区茶区具有良好的微域小气候（谢书秋摄）

天山绿茶原产地洋中天山山麓（吴洪新摄）

天山茶原产地处于东经 119°13′30″—119°23′46″，北纬 26°42′41″—26°47′19″。天山山脉横贯 6 个乡镇，山势雄伟，丘陵起伏，坡谷延绵，溪涧网布，主峰宝顶（无坪山），海拔 1143 米，山下洋中环溪萦回宛如玉带，河岸多危崖陡壁。过去茶园多辟于岩上、溪边或山坡谷地。西北面有鹫峰山脉及千米以上高山屏障，产地海拔 600—830 米。山下东南部为境内地势第二阶的洋中、石后盆谷平原低山、高丘海拔 360—600 米，再延伸到沿海为海拔 5—300 米的低丘、平原及三都澳港区。这里西高东低，易受沿海海洋性气

候影响，形成了特殊的微域小气候。

天山原产地年平均气温在 14.7—16℃，极端最低气温 −5.4℃—−7.5℃，极端最高气温 34.6—36.7℃，全年 ≥ 10℃活动积温在 4361—4811℃，持续天数 231—241 天；10—22℃活动积温 3050—3542℃，持续天数 147—167 天；1 月平均气温 5.8—6.9℃，7 月平均气温 24.1—25.3℃。年降雨量 2000—2149 毫米，空气相对湿度 80.89%—82.84%；无霜期 240—255 天，霜日 24.1—30.3 天；雾日 63.4—86.5 天，年日照时数 1729.18—1748.18 小时，终年多云雾，有利于茶树生育和优良品质的形成。

宁德蕉城区茶区云雾缭绕（白马山基地茶园）（唐招增摄）

（四）华东最大野生茶遗迹

宁德市蕉城区为中国茶树原产地的同源演化区域或隔离分布区域，其佐证之一就是在域内发现十余处的野生大茶树。其中，现存野生茶树的主要群落为梅鹤姑娘坪古森林中的野生大茶树遗址。

梅鹤姑娘坪，系宁德市蕉城区西部虎贝乡梅鹤行政村一个偏远的小山庄，地处天山山脉西北部长艮岗山麓，离梅鹤村 40 余公里，海拔 700—800 米。这里乃唐朝长溪县（辖宁德）近古田、建宁界，在最早天老山（即天山山脉）道教产茶的古茶区域内。其南部有本区境内最高的丹霍山顶（即无名峰，海拔 1500 米），第一旗（丹霍山顶的侧峰，海拔 1479.1 米），东邻第一高（海拔 1334 米），周围有数十座千米山峰环绕，霍童溪发源于此。姑娘坪形成了适于针叶、阔叶林生长的独特环境，生长大片原始森林和野生大茶树群落。

20 世纪 80 年代始，由于邻县（屏南县）开辟公路通达该林区，加上没采取保护措施，造成大量树木和野生大茶树被砍伐。但在这片古老的森林中今日仍生存着许多世代繁衍大小不一的野生大茶树群落，其演变类型较多。经 1979 年 10 月至 2009 年 4 月多次考察调查，发现该遗址仍现存有主干径围 121—151 厘米（直径 48 厘米）的遗桩，重长后主枝 5—10 米高的野生大茶树。

姑娘坪野生大茶树原发现地主要分布于门头厂、乌坑等处。2009 年，发现另一片树林中的野生茶。其中一颗，砍后遗桩直径达 53 厘米，遗桩上的次生主枝 6 条，最大树径达 13 厘米，高 5.3 米，

宁德蕉城区虎贝乡姑娘坪石门峡被列为“福建茶树优质种质资源保护区”

树幅 5.2 米。2012 年 12 月，中国科学院昆明植物研究所杨世雄博士考察姑娘坪野生大茶树后，感慨地说："这是迄今华东地区发现最大的野生茶树。"

蕉城区境内，最早已发现的野生茶树有霍童大茶树、天山野生茶、七都野生茶。其后又陆续发现有姑娘坪门头厂、乌坑、石门峡、坪岗头野生茶，洋头野生茶，闽坑、贵村、仙墩、山西湾、长濑岔、瓮窑顶、大车坪野生大茶树……其中，洋头大车坪 2 号苦茶为高香型野生茶；贵村大野茶 3 号遗桩径围达 163.3 厘米（直径 52 厘米）。这是大自然馈赠给蕉城区人民的一份厚礼。

姑娘坪野生大茶树（树高 5.3 米，树幅 5.2 米，干基部直径 0.53 米）（吴洪新摄）

三

『品归陆谱英华美』

（一）天山绿茶的前世今生

天山名茶，从商周以来，劳动人民在生产、制作历程中，不断积累经验，不断提高生产技术，茶叶制品从药品、贡品、礼品、祭祀品发展为商品茶叶，饮用风气从上层社会发展到民间，茶叶贸易从国内发展到国外。茶叶不仅是“神物”，更成为待客的礼茶。

天山名茶的成茶品类、花色，经传承演变，由唐朝蜡面研膏团茶，变革为条形绿茶；由宋朝团、饼“片茶”演变成“散茶”（蒸青和炒青之类）；元明后又由蒸青演化为炒绿，清后再由炒绿演变为现在的烘青条形绿茶或特种炒青，也供作制花茶的高级茶坯。

历史上，多有文人对制造“龙团”茶、“雀舌”芽茶做了生动的描绘。明洪武二十六年（1393）教喻林观于《望仙岭》中曰：“活火微烧灶伏砂。”明洪武二十七年（1394），进士林保童（宁德蕉城区人），于浙江著名老茶区湖州（陆羽著《茶经》之处）任知州时，饱饮各地名茶。他返乡时在游山观景之际品尝了家乡的佳茗，曾写下《茶园晓霁》一诗，诗曰：

雀舌露晞金点翠，龙团火活玉生香。
品归陆谱英华美，歌入庐咽兴味长。

诗中作者对故乡名茶赞叹不已，认为其品位之高可载入《茶经》。明成化年间（1465—1487），陈宇《大应庄》诗云“风引清烟新茗熟”

等，正是乳茶、蒸青等制造工艺的真实写照。

《茶经》作者陆羽画像（引自《中国福建茶叶》）

清朝以炒青为主，也有炒制的记述。乾隆四十年（1775）叶开树的“石火新敲一缕烟，铜铛竟起千层绿”，就是炒制绿茶的形象描述。

清末至民国年间，福州、宁德兴起花茶的产制。宁德县天山绿茶系花茶的高级原料。为满足福州一带窨制花茶的需要，逐渐改制烘青。但仍有产制炒青特种茶。据《福建名茶·天山绿茶》（1980）记载：“历史上，天山绿茶的花色、标号名目繁多。按季节迟早分为‘雷鸣’‘明前’‘清明’‘谷雨’茶等；按形状分为‘雀舌’、‘凤眉’或‘凤眼’、

干茶　叶底

天山凤眉（阮怡朴摄）

‘珍眉’、‘秀眉’、‘蛾眉’等；按标号分为‘岩茶’‘天上丁’‘一生春’‘七杯茶’（或‘七碗茶’）等。其中‘雷鸣’‘雀舌’‘珍眉’‘岩茶’等最为名贵。”中华人民共和国成立后的计划经济年代，大多制烘青。实行市场经济后，既制烘青，也制炒青，还有产红、白、乌龙茶。

关于天山绿茶之称，20 世纪 70 年代以来，在有些书籍或高等农业院校茶叶教科书，亦多称之为天山烘绿。实际上，天山绿茶历史上既有烘青的“清水绿”，又有炒青。在民国《民政月刊统计副刊·福建产茶种类之研究》（约 1940）中记有“宁德所产之清水绿、炒绿”；《闽东茶树栽培技术》（1960）中说：“炒绿和清水绿，即普通所指绿茶。产于宁德天山茶区的，品质最佳，称为天山绿茶。”

1950—1969 年，天山绿茶由国家统一按烘青分 5 级 18 等，1970 年后简化为 5 级 12 等，另加最高、次级、茶朴、修剪枝叶，统称闽东烘青。天山茶区宁德县为闽东烘青毛茶标准样（中国商业部部管

天山梅占魁（阮怡朴摄）

天山绿茶（金观音绿茶）
（蕉城区茶业管理局供图）

标准）的制样单位，其茶样毛茶亦来自天山茶区产制的烘青绿毛茶。

1980年后，茶区除恢复发展传统特种名茶品种花色外，同时开始创制天山一路银毫、天山际岭峰清水绿、支提的香亨云等产品，供制高级的天山银毫茉莉花茶等；同时生产半烘半炒或炒绿的新高档产品，如扁形的有天山迎春绿、天山翠芽、天山雀舌、天山毫芽，针形的有天山松子茶（天山松针）、天山银针，螺形的有天山针螺、天山白玉螺、天山珍螺，条形的有天山清水绿，天山岩茶、天山雷鸣茶、天山凤眉、天山毛尖、天山银芽、龟山白玉芽等。此外，部分茶区近年还少量生产天山白茶、天山红及天山乌龙茶。

蕉城区既产天山绿茶，还种植茉莉花、玉兰花，民间房前屋后零星种有珠兰、柚子、桂花、玫瑰、玳玳等窨茶之花。自清末开始，有茶商以天山绿茶毛茶为茶坯原料，用茉莉花、玉兰花等香花窨制成花茶。它们的品类多以窨制的花名和绿茶花色为命名。20世纪70年代以来，原宁德茶厂生产天山银毫茉莉花茶、天山春毫茉莉花茶、

银毫干茶样品

天山明毫茉莉花茶、天山宁露茉莉花茶、特级茉莉花茶，以及一级至六级、一碎、二碎、一片、二片茉莉花茶等。宁德市茶叶公司生产天山香毫茉莉花茶，天山春毫茉莉花茶，白玉螺茉莉花茶，三杯香茉莉花茶，天山松针茉莉花茶，特级、一级茉莉花茶，还生产白玉芽茉莉花茶、银毫茉莉花茶等。

天山绿茶的品质素有“香高、味浓、色翠、耐泡”四大风味特色，“品归陆谱英华美”之誉，当之无愧。

（二）陆游的天山茶缘

宁德蕉城天山山脉北部名峰支提山，是天山茶区的名胜、天山绿茶发祥地之一。明《闽都记》有“闽境之山西则武夷，东则霍童”之誉。

北宋著名诗人陆游，字务观，号放翁，越州山阴人(今浙江绍兴)，以荫补登仕郎，荐试礼部，淳熙五年（1178）任福建常平茶盐公事，在闽当过10年的茶官，擅于咏茶。在他任茶官之前的宋绍兴二十八年（1158），他就任于盛产名茶、贡茶的宁德县主薄。两年任职期间，他曾到支提山一带饱揽名山幽境，品饮佳茗。陆游在《老学庵笔记》一书中记载了宋开宝四年(971)吴越王敕赐支提山华严禅寺，并赐有长紫袍存放在该寺的一段轶闻，名山茶区留下他的足迹。他

宁德蕉城区南漈公园内的陆游塑像（宋经摄）

在夜宿支提山雍熙寺（宋雍熙二年，即公元 985 年，敕赐“雍熙寺”）时，撰写了七言律诗《雍熙寺与僧夜话》，诗曰：

高名每惯习凿齿，巨眼适逢支道林。
共话不知红烛短，对床空叹白云深。
现前钟鼓何僧隐？匝地毫光不用寻。
欲识天冠真面目，鸟啼猿啸总知音。

诗人描述了名山古寺的奇光夜色和名山胜地的人文景致。他在宁德县任职期间，倡导“舍酒取茶”之良风，鼓励发展茶业，饮用茶叶。陆游“有善政，百姓爱戴”，今人于宁德蕉城区南漈公园塑有他的雕像，以纪念其勋绩。

（三）名士盛赞支提茶

明末清初诗人、方志学家谢肇淛（1559—1624），长乐人，明万历二十年（1592）进士，历官工部郎中、广西右布政使、四川按察使等。他曾多次登临宁德支提山，将支提寺被毁残卷《支提山记》润饰整理成书，还撰有《支提山华藏寺重建佛殿碑记》《金灯精舍记》等文，吟咏有《宿支提寺》《辟支岩》等大量诗赋。谢肇淛在许多典籍中有品饮支提茶和赞誉支提名茶之载。他在《由霍林上支提记》一文中，记叙了万历己酉（1609）三月十日，他偕周山人乔卿游览支提、天山品啜佳茗之详情：他们从今宁德蕉城区八都镇金垂渡右折而登岭，经小际村至铜镜村，到达今霍童镇。次日登山到支提山仙墩、石棋枰、霍林洞、小支寺、大小童峰，又行“十里许至紫芝峰，竹篱精舍（为茶亭，僧明启所创者）。啜茶少税（于此茶亭休憩品饮茶叶——引者注），振衣峰头，东望海站，悠然长啸，觉松风蓬蓬起肘腋间，欲凌八极翔九垓不难也……”，又走十余里，逾霍童之背，西下，到达支提寺。续游览五龙潭、金灯院、芝山寺，到南峰的真灿静室，于此“啜新茗，坐谈久远”。他游遍支提和天山诸峰胜迹，饱尝各山名茶，最后由僧人显光送他们经天山鞠多岭

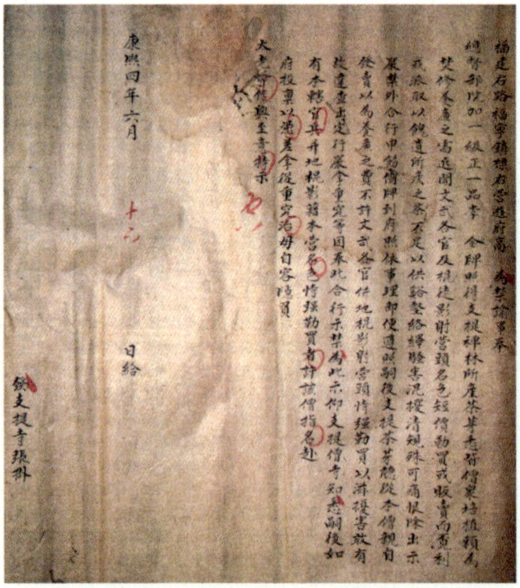
康熙四年六月
日給

清康熙四年（1665）有关支提茶芽的告示

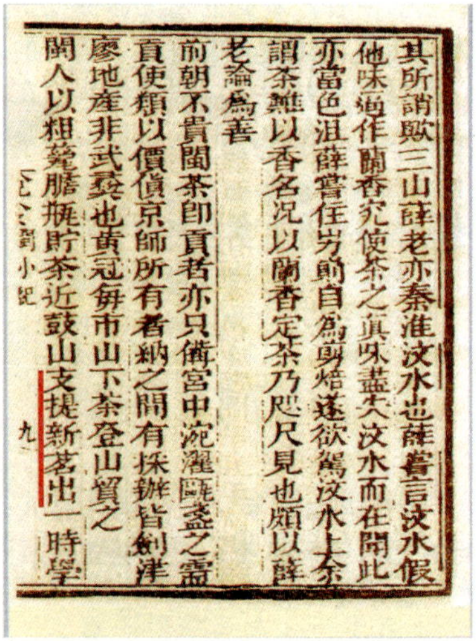
其所謂歟三山薛老亦秦淮汶水也薛嘗言汶水假
他味逼作蘭香究使茶之真味盡失汶水而在閩此
亦當色沮薛嘗住岩蔔自爲剪焙遂欲駕汶水上余
謂茶難以香名况以蘭香定茶乃咫尺見也頗以薛
老論爲善
前朝不貴閩茶卽貢者亦只備宮中浣濯甌盞之需
貢使類以價貨京師所有者納之間有採辦皆劍津
廖地產非武彝也黃冠每市山下茶登山貿之
閩人以粗瓷膽瓶貯茶近鼓山支提新茗出一時學
閩小記 九

《闽小记》（清周亮工）关于“支提新茗”的记载（引自《宁川茶脉》）

抵闽东历史茶叶集散地之一的古镇——西乡（今洋中镇）。

谢肇淛在这篇不足1500字的记文中，淋漓尽致地描述了支提山、天山一带的风景名胜，以及在憩宿的寺庙中品茶的情景和风物人文。谢肇淛在他之后的著作中，对支提茶屡有记叙，如在《长溪琐语》（1609）中写道："环长溪百里诸山。皆产茗。山丁僧侣。半衣食焉。支提太姥无论……"他在《五杂俎》（卷十一物部三，17世纪初）中载："闽方山……支提俱产佳茗。"

清朝支提茶更加扬名，乾隆间郡守李拔于《福宁府志·物产》中云："茶，郡治俱有，佳者福鼎白琳、福安松萝，以宁德支提为最。"清光绪郭柏苍《闵产录异》也说"……福鼎白琳、福安松萝，以宁德支提为最"，足证天山名茶上品支提茶名列闽东榜首。

（四）举人家乡的"土特产"

天山绿茶原产地之一的章后村，地处蕉城区洋中镇北面，从洋中街跨过洋中溪（旧称环溪），登越鞠多岭头，即进入章后村。这里西依天老山，东南山麓临洋中盆谷，南为群山，北有高峰宝顶（海拔1143米），还有午日龙潭瀑布。这里是天山入山之口，居高临下，云雾飘绕，环境优美，所产之茶香气芬芳，滋味浓厚，汤色碧绿，与匀嫩鲜翠的叶底相辉映；叶肉肥厚，持久耐泡，冲泡4—7次，余味犹存。人们称其为"正天山绿茶"。

宁德蕉城区鞠多岭古官道

天山章后村是刘姓的集居地，生产的正天山茶，曾通过多种途径传播到各地。

据传，清朝同治丁卯年间（1867），该村举人刘开封进府治参加乡试，结识了一位监考官（山东人氏）。后二人成为关系十分密切而友好的师友。刘开封自此常将自己家乡生产的优质正天山绿茶送给监考官。这位监考官则把天山绿茶带回山东老家，冲泡后招待乡亲，还将茶叶作为礼物分赠给亲朋好友。这些品饮过天山绿茶的乡亲，都被此茶的特殊香气、滋味所倾倒，赞不绝口。后来，不断有客商到天山茶区采购茶叶。

清末，山东有位人称“谢先生”的茶商于天山章后村口（鞠多岭头）兴建有全祥茶行（遗址旧基至今尚存），驻点收购来自天山茶区的正天山绿茶，然后通过三都澳运往山东、天津等地。

由此，天山名茶的声名在华东、华北一带传播开来，直至今日这些地区的消费者仍喜爱天山绿茶。

（五）香飘巴拿马

清代后期，福州开始以绿茶加工窨制花茶。原宁德县是福建省绿茶主产区，原宁德县及邻县茶叶多运到福州窨制成茉莉、玉兰、珠兰、柚子等花茶。

清代末年至民国间，宁德县三都、城关等地开始试种茉莉花，试制花茶。据英国人沃尔沙姆（Walsham）报道：1908年，“三都‘公众事业委员会’正设法努力提高本口的福利，开始试种茉莉花……如果能在本口就地加香的话，就可省下一大笔费用。这对此贸易有

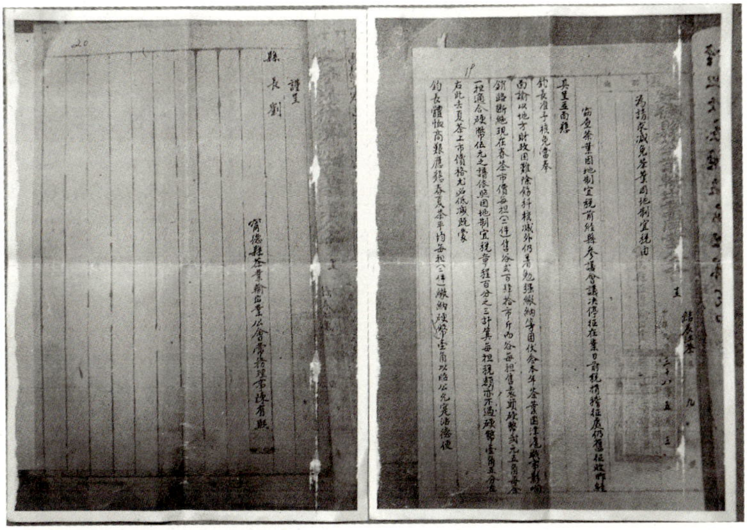

民国时期宁德县茶叶输出业同业公会为请求减免茶叶因地制宜税的报告（李怀涌摄）

兴趣的人来说，应该是有吸引力的……”1909 年，“年初地方公益社（三都）开始栽种茉莉花，从福州聘来一位园艺专家，在他的监督之下，5000 幼苗已经栽种。这项企业正在试验初办阶段，如果土壤及气象适宜，农民可被说服大量栽种，可达成功。”1910 年，“一些农夫表示愿意种植茉莉。他们的领头无疑鼓励其他人们从事种植。‘公益董事会’定为他们免费提供树苗，受助者种植成功后，只需付树苗原来的成本价……”1911 年，茉莉花的试种已获成功。

其后，茉莉花栽种已在县城和城郊一些地区有较大发展。

就在三都试种茉莉花的同时，宁德城关林延伸及其子林昆生兄弟于清末至 1949 年间经营的“一团春”茶行就开始在宁德大桥头一带种植茉莉花、玉兰花等窨制花茶的香花，开始加工窨制玉兰、茉莉花茶。清宣统二年 (1910 年)，“一团春”茶行试制玉兰片花茶成功。

民国四年 (1915)，在美国旧金山举行的巴拿马万国商品博览会和评品会上，宁德县“一团春”茶行产制的玉兰片花茶荣获银质奖。据传，当年获奖后，其奖状悬挂于天津“一团春”总行大厅上。

1973 年，原宁德县茶业局，配合宁德茶厂，从广州调运茉莉花苗，开始大面积恢复发展茉莉花及白玉兰等香花种植生产。至 1983 年，全县茉莉花种植面积达 423.4 公顷，位居全省榜首，产量 30970 担（1 担为 50 千克）。宁德特种茉莉花茶连年载誉，

1983 年宁德七都茉莉花丰产园

1991 年宁德茶厂
（引自《中国福建茶叶》）

天山银毫等茉莉花茶分获省优、部优、国家金质奖、名茶奖。

“天山”牌银毫茉莉花茶，是 1975 年开始宁德茶厂以天山绿茶高级原料产制的名牌产品。1979 年获福建省优和部优产品奖，1980 年获福建省花茶质量评比第一名，1982 年获省优和部优产品奖，1985 年获省优产品奖。1986 年获福建省花茶质量评比第一名和国家商业部优质产品奖。1988 年获国家轻工部全国轻工出口产品银奖。1989 年获国家质量最高奖项——金质奖。这一奖项在当年中央电视台春节联欢晚会发布，闻名遐迩。

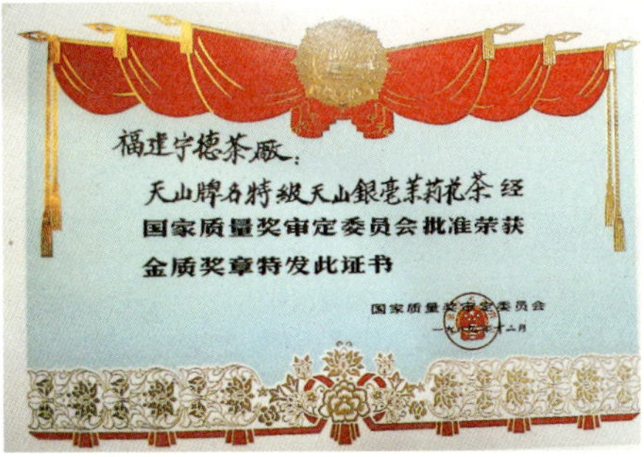

天山银毫茉莉花茶获国家质量金质奖证书
（引自《中国福建茶叶》）

（六）全国名茶的风采

20 世纪 80 年代，由当时中国茶叶加工品质、标准和茶叶贸易（统购统销）全国主管部门——中国商业部组织全国各产茶省茶叶专家、审评家，组成了全国名茶评选委员会，先后于 1982 年 6 月和 1986 年 7 月举行了我国有史以来规模最大的全国茶叶质量“大检阅”，即首次、第二次全国名茶评选活动。张天福受邀担任了这两次全国名茶评选的主评。第一次评选出国家认可的全国名茶 30 个，第二次评选出国家认可的全国名茶 43 个，这两次评选天山绿茶均榜上有名。

1986 年天山绿茶荣获“全国名茶”称号证书

20 世纪 80 年代以来，天山绿茶先后多次参加了全国、省、市（地）举行的 100 余次的名茶或名优茶评选活动，均获得盛誉。

1995 年第二届中国农业博览会在京举行，新研制的两号天山绿茶——天山迎春绿和天山银芽获得第二届中国农业博览会“名优绿茶类”金质奖。这是继 1982 年以来，天山绿茶 8 次获福建省优质名茶之后，又一次赢得全国盛誉。

2006 年至 2008 年，天山绿茶先后 3 次在北京人民大会堂举办的“人文中国·茶香世界”中华名茶评选活动中，获“东方杯”“东方神韵杯”中华名茶评选金奖。

2010 年在上海世博会名茶评优活动中天山绿茶获金奖桂冠。

2011 年在“澳大利亚中国文化年——2011 年中国茶文化产业博览会”名茶评优活动中，“天山绿茶”被授予金奖。

2013 年，天山绿茶被认定为中国驰名商标。2014 年初，天山红被注册为中国地理标志证明商标。

……

天山绿茶获“2012 最具影响力中国农产品公用品牌”（吴洪新摄）

2011 年“鞠岭”牌天山绿茶获澳大利亚中国文化年茶文化产业博览会金奖（吴洪新摄）

①│②

①天山绿茶商标注册证(地理标志版)(吴洪新摄)
②中国驰名商标(天山绿茶)

（七）“天山绿茶香味独珍”

张天福为天山绿茶题词（吴洪新摄）

著名茶学家、茶界泰斗张天福对天山绿茶赞赏有加。2003 年，在天山绿茶荣获“全国名茶”桂冠 21 周年后，张天福挥笔题写“天山绿茶香味独珍”，充分肯定了天山绿茶的优良品质。

2015 年 5 月 5 日，时年 106 岁的张天福再度提笔为宁德蕉城区茶叶协会编著的《宁川茶脉》撰下千余字的序文。在这篇序文中，他记述道，自 20 世纪 30 年代他就注意到福州各窨制花茶茶行络绎不绝到宁德茶区采购天山绿茶；记述了天山绿茶的久远历史渊源；点明了天山绿茶的品味特色。他写道：“天山绿茶‘香高、味浓、色翠、耐泡’，这四大特色，非一般地方茶所能企及。这是环境拒绝污染、选材摒弃粗劣、制作力求精细的综合结果，所以能数次摘下‘全国名茶’桂冠。”

张天福为《宁川茶脉》作序（吴洪新摄）

中国茶叶学会原副理事长、教授级高级农艺师冯廷佺也深有感触地指出：这里（蕉城区）是全国名茶之乡，自古至今凝聚着许许多多“亮点”。

——有优越的自然地理，为茶树生长提供良好的环境。

——有久远的史前文化，为茶区考古提供文物古迹。

——有源远的“仙巢佛国”，为游人墨客提供揽胜圣地。

——有多样的生物资源，为品种研究提供野生茶种质。

——有悠久的产茶渊源，为京都宫廷提供茶叶贡品。

——有盛誉的全国名茶，为首都北京提供专用的“礼茶”。

——有优异的茶叶品质，为人体保健提供有效化学物质。

——有世界的天然良港，为中国东南提供“海上茶叶之路”。

——有传统的民俗茶情，为茶叶文化提供丰厚底蕴。

他指出，这个在旧石器时代前就有先民生息的古老的茶树同源演化区域，是我国一处不寻常的名茶产区。它在中国名茶发展史上留下了浓重一笔！

四

海丝茶港三都澳

（一）茶区环布的良港

1898 年，宁德三都澳福海关开埠后，以其得天独厚的地理条件成就了茶叶对外贸易的繁荣和昌盛。

1949 年前的三都澳

三都澳中心位于宽阔浩荡的海湾中部，地点适宜，便于南来北往的船只抛锚停泊。岛

2018 年三都澳（吴洪新摄）

上没有陡峭的山脉伸入海洋，港内不需要引水员，即使吃水最深的船只也能在 6 公里长、1 公里宽的海面任何地方找到抛锚地点。地理上，它是闽东各县交通要道：西上宁德通周宁（还有古田、屏南），南至飞鸾通罗源，北达赛岐通福安，东下盐田通霞浦，为这些地区货物集散地。

三都澳四周有闽东诸县。清末福宁府，辖宁德（含周宁）、霞浦、福安（含柘荣）、福鼎、寿宁等五县。抗战前后辖九县，县县产茶，分布于三都澳的周围，这在国内乃至国际都是独一无二的。具体地说，东边霞浦为红茶区，东北部福鼎有白毫银针、白琳工夫等，为白茶、红茶区；北及西北的福安、寿宁、周宁、柘荣等县有坦洋工夫等，为红茶区；西接本埠所在地宁德有天山绿茶，延至古田、屏南，为绿茶区；南靠罗源为绿茶区。

宁德县是古老茶区，海路、陆路皆与三都澳港湾畅通，陆上大道还可直通闽北一带。天山绿茶原产地宁德市的洋中镇章后、际头及虎贝一带山区有一条古大道，系宁德沿海、三都等地通往古田、建州（现南平地区）的必经之路，大大地方便了茶叶的输出。地理环境上的优势，使这里成为闽东最古老的茶区之一。清代宁德市茶叶进入全盛时期，茶叶为当地最大宗的经济作物及出口商品，成为福建的大茶区。据有关文献记载："闽东自海运开禁后，大大便利了对内、对外贸易，促进了茶叶的更大发展。1899 年闽东各县茶叶汇集于三都澳，年产计达 30 万箱（折 15 万担——引者注）。"抗战期间，闽东产茶占当时全省的 70%，中华人民共和国成立前尚占 67% 左右。可见三都澳四周的宁德茶区，为三都澳出口茶叶源源不

建于 1899 年的三都澳福海关税务司公馆（郑承东摄）

断地提供充足的货品。

与此同时，作为三都澳福海关所在地的宁德市蕉城区，其茶叶产制贸易情况更非同一般。据文献记载："天山茶的前身'支提茶'，明代前已负盛名，清时名列闽东榜首……清后期，由于宁德三都海上交通发达，福州花茶的兴起，'支提'名茶供不应求，天山茶区采制大量绿茶输出国内外，从此'天山绿茶'得以扬名，蜚声中外。"据统计，1936 年宁德绿茶产量已达 32000 担，占闽东的 20.74%，占福建省的 13.06%；到 1949 年虽然下降到 8896 担，仍占闽东的 17.28%，占福建全省的 11.58%。特别是清代后期，福建茶叶生产和输出中心地，已从闽北武夷山移到闽东，闽东成为福建省最主要茶叶产区。宁德的绿茶产制优势亦为三都澳提供了良好的贸易条件。

（二）见证茶叶兴衰的福海关

19 世纪中叶，中国五口通商后，英、美、俄等国，对茶叶的需求量日益扩大，刺激了我国茶叶生产的发展，且出口贸易量迅速增长。

当时，三都澳出口的工夫红茶多销往英、俄及欧洲各国，绿茶销往我国华东、华北、东北等地，白茶多输往港澳等地。在福海关存在的 50 多年中，茶叶出口贸易经历了 4 次兴衰历程。

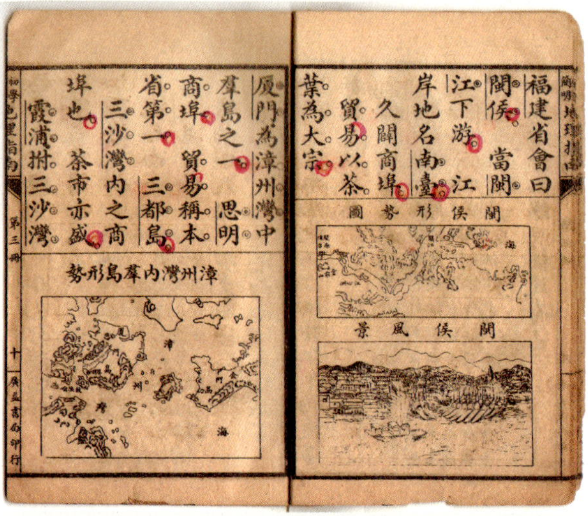

有关三都岛的历史记载（引自《宁川茶脉》）

第一次兴衰（1899—1914）

三都澳建埠后，加紧建造了茶叶仓储、贸易茶行、码头、邮电、银行等港口设施，建成了一个设施较为完备的码头。茶叶出口贸易，从陆运转为海运，从民船、帆船转为海轮运航，使闽东北茶叶市场迅速崛起。鸦片战争爆发后，北京、天津茶商在福州大量窨制茉莉花茶运往东北、华北一带获得厚利，茉莉花茶生产获得迅速发展。三都澳输出的绿茶，作为原料到福州进行窨制花茶再加工，然后转运到国外或北方。据记载："20 世纪初，在中国许多通商口岸茶叶输出量急剧降低的情况下，本埠茶叶出口量仍基本稳定，其他各口贸易萧条……""本地市场茶叶价格保持不变，一直在每斤现金 120 以上"。据统计，1898—1911 年，三都澳的年出口茶量从 9 万担增加到 12 万担；而 1912—1914 年间，年出口茶量又下降到 10.72 万—11.27 万担。

第二次兴衰（1915—1922）

1915 年出口茶量从 1914 年的 11.3 万担，上升到 14.3 万担，首次开创了历史最高水平。1916 年起，印度、锡兰茶输入英国的数量急速增加，西方国家对中国茶叶实行禁运，1918 年以后中国茶叶外销骤减了 2/3。据统计，1916—1922 年，年出口茶量又降到 9.2 万—11.15 万担。这个时期，本埠茶叶输出因之也出现两度跌落，但出口茶常年贸易量仍能保持在 10 万—11 万担。

第三次兴衰（1923—1930）

1923 年，三都澳茶叶输出量又从 1922 年的 11.5 万担，猛增到 14.3 万担，打破了 1915 年的最高水平。1930 年又回退到与开埠初（1900 年）水平。总的来看，抗战前茶叶输出量呈兴旺景象。

福海关税务司之印（引自《宁川茶脉》）

第四次兴衰（1930—1949）

20 世纪 30 年代前期，三都澳年出口茶量基本保持在 11 万担左右。

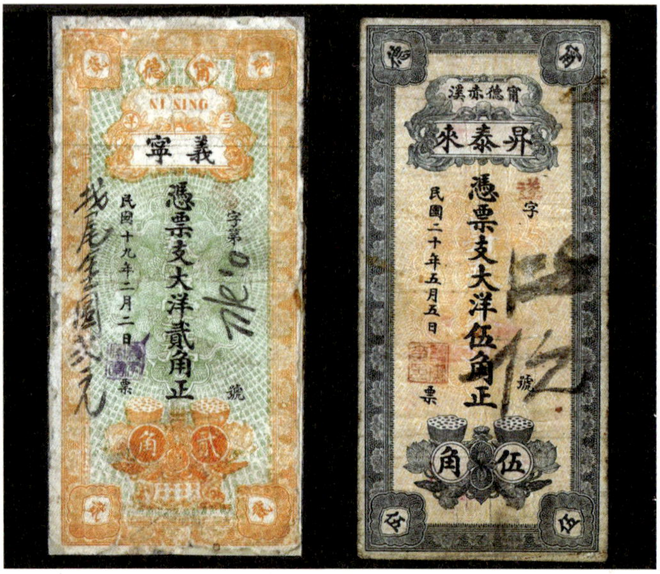

民国茶票（引自《宁川茶脉》）

1931年输出11.1万担，比1930年提高8.5%。1936年茶叶输出量上升到11.5万担，茶叶贸易呈兴旺景象。据记载，那时的三都岛“最喧闹的季节是每年的春夏之交，清明一过，闽东各县的‘天山绿茶’‘坦洋工夫’便一船船集中运到福州和上海。岸上茶香终月不散”。尤其是1933年福州花茶全盛时期，其绿茶茶胚原料多来自三都澳港口。1937年“七七事变”爆发，我国最大茶叶出口市场上海沦陷，海路阻塞，茶叶滞销。当时，三都澳组织茶叶运输至香港出口。福海关被日本轰炸后，于1942年降为闽海关的分关，后又迁到赛岐。直到1945年抗战胜利，海关才又迁回三都。而后，茶叶贸易逐渐恢复，据记载：“抗战胜利后，本省多数茶叶亦有取道三都澳而运经香港。三都澳在抗战后几年，已成为福建唯一，乃至中国少有的茶叶输出通商口岸，为那时的中国茶叶出口起到特殊作用。”

（三）世界名港的辉煌

蕉城区三都澳，是自清光绪二十四年（1898）5月8日福海关成立至中华人民共和国成立，长达半个世纪中国东南方的一个著名茶叶对外通商口岸。

在全国的出口地位

三都澳福海关成立次年（1899），其茶叶输出量占全国出口茶

福海关税务司公馆（宋经摄）

叶总量 163 万担的 5.5%，以后逐步发展。1918—1932 年平均茶叶输出量占 13.8%，1933—1949 年占 30.1%。抗战期间，全国三大（福州、上海、汉口）茶市海口被封锁。据记载："1938 年 6 月 7 日财政部颁布了第一次战时实行统制的《管理全国茶叶办法大纲》……由贸易委员会主办茶叶对外出口贸易。"此时，三都澳港口将福建等地的大量茶叶输出到香港转口。直至 1949 年，该港茶叶通商量约占全国的 27.3% 左右。

总之，在建埠以来的半个世纪中，三都澳茶叶出口贸易无论在中国还是在国际上都具有举足轻重的地位。

在福建出口地位

20世纪之后，福建省出口茶叶几乎全部集中于闽海关（包括设立在三都的福海关）。福海关自成立到1916年，前后18年，三都澳年平均出口茶叶10.4万担，均占福建省茶叶出口总量20万担的50%以上。

1916—1926年均占全省出口总量55.67%以上，甚至达到60%，居全省三大（福州、厦门、三都澳）茶叶出口口岸之首位。三都澳茶叶出口最高年份是1923年，达14.3万担。

有关文献记载："抗日战争后，本省多数茶叶亦有取道三都澳。"1945年抗战胜利后，茶叶输出量仍占福建省当年出口总量的54%。福建省茶叶出口贸易的流通重心已逐渐"移向三都澳"。

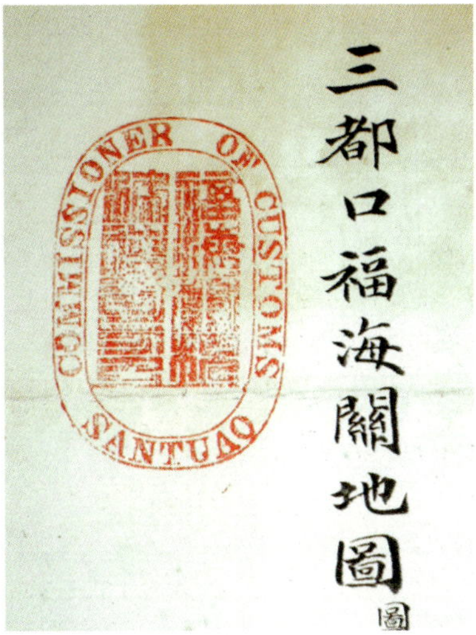

三都口福海关地图封面（引自《宁川茶脉》）

福海关邮戳（引自《宁川茶脉》）

（四）名茶贸易重镇

原宁德县西乡天山山麓的洋中镇（古时三都澳沿海通往闽北建州一带必经之道），乃天山绿茶的中心集散地，也是闽东三个茶叶中心集散地之一。传说早于100多年前常有天津帮、东京帮及后来的山东全祥、福州茶行客商，云集洋中、天山一带采购茶叶运销国内外。

茶叶从四处汇集到洋中街的茶庄或茶行，经装袋或装包后，由两条路线运出：一是海路，用人力肩担到宁德县城或经金涵濂坑的

宁德蕉城区洋中镇（20世纪90年代）（周玉珂摄）

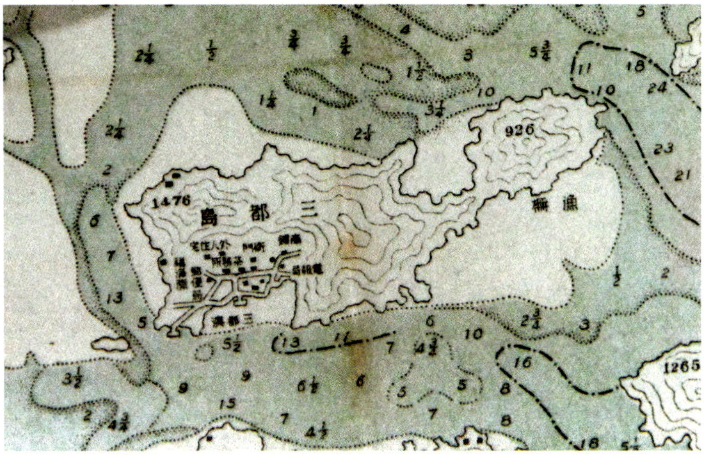

1920 年日本人描绘的三都澳地图，标有“福海关”“茶务所”“商铺”等字样（宋经摄）

铁沙溪，内船运至三都澳，由三都澳出口至世界各国，或运至华东、华北一带，或运至福州；二是陆路，用人力肩挑运，经罗源、连江，送到福州。

自清末至民国后期，西乡及主产区曾有近数百家的茶庄、茶行或茶商，从事茶叶购销、贩卖或兼营其他商品。还有人在宁德县城、福州等地设点专营茶叶经纪业务。茶叶交易，一是茶农与茶庄之间的交易，二是茶庄将绿毛茶运往福州宁德会馆或生顺、良友等毛茶行，三是毛茶行直接到茶区采购。

中华人民共和国成立后，1950—1985 年国家实行茶叶统购统销，天山绿茶就不再单独贸易销售，均由国营茶叶收购站统一收购，全数调拨，经福州茶厂或宁德茶厂加工窨制成茉莉花茶，再由福建省茶叶进出口公司或福建省茶叶公司调拨给国内、国外销区。1986—

宁德蕉城区洋中古街（周自强摄）

1993 年，收购茶叶一部分仍调国营茶厂，一部分由市茶叶公司茶叶服务部、乡镇企业、茶站等分流加工精制，自行销售。

1979 年始，宁德市茶叶公司单独开展了天山历史名茶和特种名茶的恢复和研制，传统花色品种得到恢复并有新创产品，不但为特种花茶提供了高级原料，而且每年制天山绿茶礼茶，供国宾馆接待外宾。其余特种名茶直接销往京、沪、苏等大中城市。

1980 年，宁德市茶叶公司率先开办当代全市第一家茶叶服务部门市部，对外零售绿茶、花茶。

五

佳茗产制之技艺

（一）种茶采茶技术

天山茶区人民在长期生产实践中，掌握了茶树生长的规律，积累了丰富的茶树良种繁育和茶树栽培技术。自 20 世纪八九十年代以来，天山茶区推广宁德科委制定的《山地茶园（海拔 500—650 米）模式栽培技术规范》，建立“速生、高产、稳产、优质、高效”的新式茶园。其模式栽培技术规范要则是抓住“开、种、管、采”四个中心环节。现在，天山茶区正在推广有机茶生产技术。

茶园开垦

天山茶园开垦坚持五条标准：等高梯层（环山等高开垦）、缓路横沟（路坡不超过 5° —7° ，设横沟蓄水保土）、深耕下肥（土

俯视天山茶区梯层茶山（《福建茶文化》摄制组摄）

壤耕深40厘米以上，园施农家肥、表土回沟）、良种壮苗（选择大叶、早芽、高香苗木）、条栽密植（实行双行双株三角形密植条栽）。

茶树种植

茶树种植，做到种植“五要”：一要客土（苗要红泥蘸根，旧园土植茶加红壤土），二要压紧（种茶时根部新土压紧），三要浇水（定植后先浇水），四要覆土（浇水后茶根部覆盖松土），五要盖草（种后土壤覆盖稿草）。

茶园管理

茶树培育把好“五关”：一是“土”关。每年园土耕作要做到“一深三浅”（即1年1次深耕，3次浅耕）。二是“肥”关。坚持用有机肥，施肥做到“一基三追”（即1年施1次基肥，3次追肥）。三是“水”关。引水或蓄水灌溉，以滴灌为好。四是“剪”关。幼龄茶树“四剪一打”（即4次定型修剪，1次打顶采摘代替修剪），以培养健壮树冠。五是“保”关。加强病虫害测报，以防为主，采用无公害或有机防治措施。

茶园喷灌

茶叶采摘方法

采用采养结合的采摘方法：分批分期多次留叶采，即每年每季采茶要分批次，芽叶长的先采，短的后采，且要分春、夏、秋不同时期采；每次采时要适当留下面的叶片。实行“五采五养”（即采上留下、采大留小、采中留侧、采高留低、采密留稀）的采摘法，以保持茶树生机，确保持续生产。

茶叶人工采摘（吴洪新摄）

茶叶机械采摘（蕉城区茶业管理局供图）

茶叶采摘标准

传统的天山绿茶贡品、上品、珍品的鲜叶原料采摘非常精细，以单芽、嫩芽或尖芽为主。早春特种绿茶采一芽一叶或一芽二叶初展为主，级内绿茶采一芽二三叶或幼嫩对夹叶。做到合理采摘与修剪，扩大树冠，增加芽头数，实现速生、丰产、优质、高效的目的。

（二）天山绿茶制作技艺

历史上天山绿茶的制茶以手工制作为主。过去炒青绿茶，从杀青到烘干基本上都在柴火烧的铁锅中手炒。近代，天山绿茶改制成烘青绿茶后，除用铁锅、簸箕、布袋外，还创制了竹焙笼，进行炭火烘焙干毛茶。

晾青间

传统初制工艺

传统初制工艺为“一晾、一炒、二揉、二焙”，即晾青—热锅炒茶（杀青）—手工团揉—温锅复炒—装包滚揉—明火初焙—摊凉—微火足焙—毛茶。茶青摊晾后，投入高温铁锅中杀青。翻炒要轻、匀、透。待有茶香透发后起锅，用双手搓团，推动滚揉，中间解块再揉，至汁溢，茶成条。复炒在温锅中进行，起整形和去除青臭味的作用。对较粗壮的茶叶，还要放在小布袋中滚动复揉（俗称“过袋仔”），以使外形紧结。初焙（毛火）火温应高于复焙（足火），以防止茶叶红变。复焙用微火，以充分发挥色、香、味。

1950年后，天山绿茶改制烘青，逐步采用半机械加工，改制后的工艺为：晾青一杀青一揉捻一烘焙。初制的毛茶更适于窨制花茶。

①
②
③
④

①晾青 ②杀青
③揉捻 ④烘焙
（《福建茶文化》摄制组摄）

半手工化初制工艺

1952年，绿茶烘干从晒青改为焙笼烘焙。1954年后，天山绿茶茶区的烘青绿茶初制工艺技术，逐步从完全手工制茶走向半机械化，初制工艺改为：杀青（铁锅）—揉捻（采用张天福发明创造的“五四”式手推木质揉茶机）—烘干（分毛火—摊凉—足火）—干毛茶。

张天福发明的手推揉茶机

现代机械制作工艺

从1973年以来，天山茶区烘青初制逐步走上用动力、电力带动的杀青机（锅式、滚筒式）、揉捻机、烘干机（手拉式或自动烘干机）、节能灶（一火两用灶、联用气化灶、电热炉、天然气）。原宁德县茶业局配备专职茶机科技人员，与省内

手摇茶叶风选机

外茶机厂等部门密切配合，努力研创茶区使用的茶机具和制茶工艺。自1980年以来，为适应国内外对天山特种名茶的需求，天山茶区扬长避短，大胆进行了机、灶及工艺的技术革新。制作机械和工艺的创新，使恢复采制的雀舌等传统名茶珍品保持新鲜嫩绿、入口甜和回甘、幽香如兰、色泽翠绿、历久耐泡的品质特色。清水绿等创新上品，以品味鲜浓、形美色优、外形润绿、汤色澄绿、叶底嫩绿的新风味而闻名。这些传统和创新佳品，在历次名茶评选会中均获得到人们欢迎。具体来说，有如下创新工艺技术。

选采优质良种，做好原料保鲜 制作优质名茶，不仅要求茶树有得天独厚的栽培条件，而且还需选择优良茶树品种的鲜叶。天山绿茶传

滚筒式杀青机（郑其英摄）

揉捻机（吴洪新摄）

自动烘干机（郑其英摄）

天山菜茶叶芽（一枪一旗）
（阮怡朴摄）

统珍品雀舌、凤眉等初制原料，来自持嫩性强、叶质肥厚的天山菜茶，采摘标准以一枪一旗为主，含有一芽二叶初展。据测定，每千克鲜叶分别含芽头数 9800—15280 个，一芽一叶占 60%—75%，制成干茶形似雀舌、凤眉。以条壮毫显闻名的新创名茶天山清水绿等，其原料选自大中叶种茶树，采摘一芽二叶初展为主，每千克鲜叶芽头数 3000—3280 个。

适度晾青，做好原料保鲜　保鲜保质保卫生，是保证名茶质量的重要技术措施。春季，从离厂偏远的高山茶园采下的茶青，需专门派人派车及时运送至初制厂，及时摊晾。晾青厚度不超过 10 厘米。对大叶种原料，更应薄摊，及时散发水分，并适时轻翻，切忌损伤原料，以防热变。晾青后，贮叶室内，保持空气流通，阴凉清洁，室温掌握在 16—20℃，叶温不超过 25℃，空气相对湿度控制在 85%—90%，贮放时间在 3—5 小时内，确保成茶鲜灵。近年创新了晾青新工艺，增进了茶叶香气等品质。

使用新机灶，实现机械化 随着名茶生产的发展，天山茶区进行了机、灶改革，改锅式杀青机为滚筒式杀青机，改手推揉茶机为机动揉茶机，改焙笼为百页式或链板式干燥机，替代了手工和半机械化生产。同时，研创了电能变热能的杀青、烘干电热、木柴气化联用灶，杀青烘干联用灶。本世纪以来，又推广管道天然气灶等发生炉。这些机、灶的出现，推动了天山名茶初制技艺的进一步革新。

实行“高温、控热、少量、短时”的杀青操作法 名茶杀青要合理掌握火温、投叶量及时间。一般保持滚筒杀青机转速 30 转 / 分，火温 260—300℃，因机因灶因叶制宜。连续滚筒配套电热灶的，电温控制“前高后低”，进出茶 2 分钟，筒内持叶量 2.5—3 千克；瓶式滚筒配套木柴气化灶的，火温掌握“先高后低”，杀青时间 5—6 分钟，每筒叶量 10—12.5 千克。对大中叶种肥壮茶，宜减投叶量，稍降温度，增加接触筒体时间，加快梢叶内水分蒸发。一般杀青失水率在 38%—43%，出茶后加机械吹风摊凉，使芽、叶内水分分布均衡，揉捻叶不至于断碎，保持“三绿”特色。

采用“小机、温叶、轻压、短揉”的揉捻工艺 优质名茶宜选棱骨小、压力轻、桶径小、转速 55 转 / 分的 40 型揉茶机，恰当掌握加压、装叶量、时间和揉捻程度。名茶杀青后叶质柔软，可用温揉或冷揉，先捻条后揉索，投叶量 7.5—10 千克，开始松压 5—8 分钟，中间轻压 8—10 分钟，后再松压 2—5 分钟，全程 15—20 分钟，达到外形毫锋显露紧秀的目的。

采用“毛火增热薄摊快烘，足火降温厚摊长焙”的烘焙技术 根据揉捻叶品种、含水量、空气湿度等因素，合理控制烘干机温度、摊叶厚度和时间。毛火，进口风温 115—120℃，摊叶宜薄，5—7

分钟快速初干，以达到抑酶、失水、保绿的作用。足火，热风温度80—90℃，摊叶适当加厚，慢速长焙，挥发水分，发挥香气。

采用精制机械，提升产品品质 近些年来，天山茶区蓝湖集团等企业开发出口精品。他们采用小包装茶生产线的机械或检测仪器，如袋泡茶生产机具、风选机、现代化微波烘干机、金属探测仪、金字塔包装机、全自动包装机等现代化新加工设备，有力推动了出口茶产业的发展壮大。

风选机（刘郑美供图）

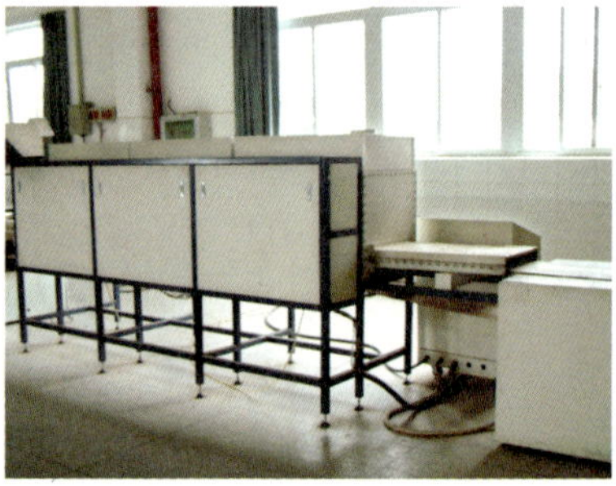

现代化微波烘干机（刘郑美供图）

金属探测仪（刘郑美供图）

金字塔茶包生产机械（刘郑美供图）

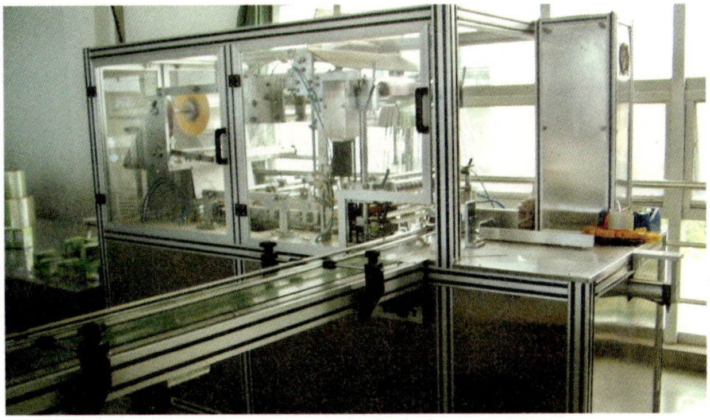

全自动包装机（刘郑美供图）

采用温控窨制花茶工艺 茶叶科研工作者突破传统自然窨制工艺，采用人为温控窨制新工艺，使花茶质量有了飞跃。

温控香花：在伏花旺季采用低恒温控制。春花、秋花采用热恒温控制，充分提高茉莉花香利用率。

温控窨制：茉莉花在最佳温度范围内充分吐香，加工出来的花茶香气浓厚度、鲜灵度明显提高。

窨茶的茉莉花（刘郑美供图）

窨茶的玫瑰花（刘郑美供图）

温控储存：在窖胚用大容量储茶斗密封，低恒温储存，减少香气散发，防止汤色变红。

温控冷却：采用低恒温震动槽冷却5分钟，花茶鲜灵度、浓厚度远比自然冷却为佳。

温控干燥：采用温控干燥，最大限度地防止香气散发。

采用高新深加工技术　近年，由宁德蕉城区茶叶企业家周绍迁创办的福建仙洋洋食品科技有限公司，研究创新天山绿茶、天山红、天山白等深加工高新技术，通过低温、酶解、超临界CO_2等萃取技术、膜技术、喷雾干燥技术，创制有多种速溶浓缩茶、茶粉、固态速溶茶等，还开发冷溶型的冰爽茶、果味茶，热溶型的奶茶、调配茶等新型茶品。

浓缩茶生产线

天山绿茶浓缩茶液

（福建仙洋洋食品科技有限公司供图）

六

『齿颊留香』话品鉴

（一）天山绿茶的风味

传统的正天山绿茶品质，素以“香高、味浓、色翠、耐泡”四大特色而扬名于世。新创茶品独具“香、绿、鲜、爽”风韵及“三绿”特点。茶界泰斗张天福称“天山绿茶香味独珍”。福建茶界老前辈庄任先生，在《漫话福建名茶兼论品饮》中阐述了天山名茶的独特风格，盛赞天山绿茶香味天成，条锋挺秀。中国茶叶质量检测中心原主任骆少君研究员在《宁川佳茗·天山绿茶》的序中撰道：“尤其是以高山茶区采摘的鲜叶原料，制成的‘正天山绿’产品香气芬芳，近似珠兰花的气味，滋味回甘犹如新鲜橄榄，并具‘三绿’，即外形翠绿，汤色碧绿，叶底嫩绿。”她全面地评述了天山绿茶色、香、味、底俱佳的产品特色和品质风味。

干茶　　茶汤　　叶底

天山绿茶（吴洪新摄）

天山迎春绿（扁形）

天山清水绿（针形）

天山绿茶（螺形）

（吴洪新摄）

自1980年以来，天山茶区企业在挖掘恢复传统名茶的基础上，创新工艺，新创珍品品质保持了新鲜嫩绿、入口甜和回甘、幽香如兰、色泽翠绿、历久耐泡的特点。新创佳品品味鲜浓、香气高爽、芽毫显露，形美色优、叶底匀亮。部分新创的烘、炒结合的新工艺产品，其外形呈扁形（如天山迎春绿、天山雀舌、天山毫芽等）、针形（如天山松针、天山银针等）、螺形（如针螺、白玉螺、珍螺等），其香味各具果香，芽毫披身，色黄绿清澈，味醇鲜爽，叶底匀亮嫩绿。

1981年，原浙江农业大学茶叶系张堂恒教授、胡月龄教授和全国供销合作总社杭州茶叶加工研究院陈树森研究员，在对天山绿茶会评中称：外形细紧，有白毫，色翠绿；香气高、鲜、持久；汤色嫩绿、明亮、微黄；滋味鲜醇，叶底细嫩、翠绿、明亮。湖南农学院主编的全国农业高校教材《茶叶审评与检验》（1982）评价道："天山绿茶……品质特征是外形条索壮实、色泽绿润，内质鲜香持久，滋味醇厚回甘，汤色碧绿清澈，持久不变，叶底嫩绿肥厚。冲泡三四次后香味仍存，汤色鲜亮。”

总之，天山绿茶风味独特，色、香、味俱佳。

（二）天山绿茶品质分级

2006年，福建省质量技术监督局发布了《天山绿茶》（DB35/T660—2006）福建省地方标准，规范了天山绿茶的市场秩序。标准规定了天山绿茶成品茶的分级、要求、试验方法、检验规则、标志、包装、运输、贮存等内容和鉴评要点，为人们提供了天山绿茶的品质鉴评标准。天山绿茶成品茶分为名茶、优质茶、级内茶（特级、一级、二级、三级、四级、五级、六级），其品质特征见表1。

表1　天山绿茶成品茶品质特征

级别	造形	品质特征							
		外形				内质			
		形状	匀整	净度	色泽	香气	滋味	汤色	叶底
名茶（单芽为主）	扁形	扁平光滑	匀整平伏	洁净	翠绿银绿	清锐高爽毫香显	鲜爽浓醇	嫩绿明亮	芽匀嫩绿明亮
	针形	细直形似松针	匀直	洁净	翠色金黄	香高浓郁嫩栗香	鲜醇浓厚	嫩绿明亮	芽匀壮明亮
	螺形	曲针形	匀整	洁净	银绿翠绿	清香幽长	鲜醇爽	嫩绿明亮	芽匀嫩绿明亮
	条形	紧直	匀整	洁净	银绿	鲜嫩清香	鲜爽醇	嫩绿明亮	芽匀嫩绿明亮

续表

级别	造形	品质特征							
		外形				内质			
		形状	匀整	净度	色泽	香气	滋味	汤色	叶底
优质茶（一芽一叶为主）	扁形	扁平光洁	匀整	洁净	银绿	清香鲜嫩持久	鲜醇浓	嫩绿明亮	芽匀嫩绿明亮
	针形	紧直形似松针	尚匀直	洁净	嫩黄绿	香高浓	鲜醇浓	嫩绿明亮	芽匀明亮
	螺形	曲针形	匀整	洁净	翠绿	清香长	鲜醇	嫩绿明亮	芽匀嫩绿明亮
	条形	紧直	匀整	洁净	嫩绿	清香	鲜爽	嫩绿明亮	芽匀嫩绿明亮
级内茶 特级	—	细紧多毫	匀整平伏	洁净	绿润	嫩香型	鲜醇	绿明亮	嫩绿匀整明亮
一级	—	紧结有毫芽	匀整平伏	洁净	绿润	浓纯	浓纯	黄绿明亮	绿亮嫩尚匀
二级	—	尚紧结有锋苗	匀整	尚净略带嫩茎	绿尚润	尚浓纯	尚浓纯	明亮黄绿尚	尚嫩黄绿明亮
三级	—	壮结	欠匀整	尚净略带筋梗	尚绿	纯正	醇和	黄绿	黄绿尚亮
四级	—	尚实稍松	尚匀	带有筋梗	黄绿	平正	平和	绿黄	黄绿稍亮
五级	—	粗松	稍短碎	稍花杂	黄绿带暗	稍粗	稍粗淡	绿黄欠亮	稍粗绿黄稍暗
六级	—	粗松轻飘	欠匀	含梗片多	花黄	粗	粗淡	黄稍暗	粗黄稍暗

汤色

叶底

天山翠芽（名茶）（吴洪新摄）

汤色

叶底

天山清水绿（名茶）（吴洪新摄）

汤色

叶底

天山迎春绿（名茶）（吴洪新摄）

（三）天山绿茶的鉴赏

怎样认识和品鉴天山绿茶的品质呢？概要地说，干看外形，闻茶香气，品尝滋味，湿看汤色和叶底。

干看外形：天山绿茶的条形眉茶，以条索细紧、均匀为佳；珠形茶，以颗粒圆结为佳；扁形茶，以条扁平光滑、匀称为佳；螺形茶，以形如螺为佳。色泽以外观色泽翠绿或黄绿、油润等特征为佳。

闻茶香气：有干闻和冲泡后闻香两种鉴赏方法。识别香气高低、

御春芽干茶（刘郑美供图）

优劣，如兰花香、橄榄香、浓香、清香等。一般以清爽、持久为佳。有异味、香低者为次品。

品尝滋味：一般绿茶有浓、甘、鲜、爽、醇之分，以鲜、爽、醇、浓为佳。有苦、涩、淡、酸等味者为次品。

湿看汤色：主要看汤色的浓淡、明暗、清浊等状况，以碧绿、清澈、绿中呈黄为佳。汤色浅薄、浊暗者为次品。

湿看叶底：主要从叶片嫩度、匀度、色泽等方面鉴赏。以细嫩、多芽、柔软、肥厚、匀齐、芽片完整为佳。粗老、多梗、张薄、断碎、混杂多者为次品。

御春芽茶水与叶底(刘郑美供图)

（四）天山绿茶的贮存

天山茶区发源地及主产地，均发现有商周时期的豆、罐、瓮、盘、杯等贮水具、饮具（釉陶器、席纹陶器）。

很早以前，人们在产制茶叶的同时就十分注意茶叶的贮存，以防潮，防变质，防吸收异味，保护茶叶品质。清代之前，多以陶、瓷瓶器具装茶。清代后逐以金属制品（如锡器）贮茶，色香味俱佳。清初，周亮工《闽小纪》曾撰道："闽人以粗瓷瓶贮茶。近鼓山支提新茗出。一时学新安。制为方圆锡具。遂觉神采奕奕。"记述了明末清初支提山等天山茶区已采用各种不同形状的锡制贮茶器具，直至今天天山茶区仍在沿用。锡制贮茶具贮藏的绿茶干茶香气独具，幽香扑鼻。

旧茶瓮（林峰摄）

装茶锡罐（林峰摄）

民国时期茶罐
（吴洪新摄）

现在小家庭可选用经济实惠的马口铁质茶听、锡瓶、纸衬罐、瓷罐、竹盒、木盒等大众化贮存器。同时可贮藏于冰箱、冰柜或冷藏室等，以干燥、冷藏、无氧和避光保存为好。

（五）天山绿茶泡饮用具

古代天山绿茶泡饮工具曾用兔毫盏、白瓷、紫砂饮具等。兔毫茶盏，过去只知道是建阳的建窑才有生产。殊不知，历产贡茶、名茶的天山茶区的原宁德蕉城区在宋朝亦烧制此贡品。据 1958 年以来出土文物发现，蕉城区有 6 处宋窑。其中，麦房溪窑最具代表性，于 1958 年被福建省考古队定为宋窑，列入县级文物保护单位。1987

碗窑村古窑址（黄钲平摄）

宁德飞鸾麦房溪窑出土的宋代兔毫盏

南宋飞鸾窑青釉划花水波纹瓷碗

年北京历史博物馆古陶专家作实地考察，那里出土有黑釉兔毫盏片和完整的黑釉兔毫盏、青花瓷碗片等。碗窑附近亭里窑还有北宋的青窑，烧制青白瓷碗等饮具。

至于茶壶，也有用铁、铜、锡等金属制成。可见，古代人们对饮茶工具十分考究。

现代，泡饮天山绿茶的茶具，主要视茶品级别、产地等而异。高级特种名茶、早春茶、原产地茶，宜选用玻璃杯或高档瓷杯。玻

蕉城区漳湾镇南埕村南埕陈氏宗祠藏清同治年间紫砂茶具（李怀涌摄）

清代锡壶（吴洪新摄）

铁壶（林峰摄）

璃杯便于观察名茶的独特外观，泡后茶条如破土春笋。中档的绿茶，多以瓷杯冲泡，保温较好，利于茶水浸出物的浸出，茶汤较浓。低级茶或粉末茶，亦可用茶壶冲泡，方便饮用。

玻璃茶具（茉莉翠绿）（刘郑美供图）

白瓷茶具（茉莉翠绿）（刘郑美供图）

（六）甘泉试茶香韵长

名山中的许多溪涧泉流、名湖古井之水，是历代道人、僧人、游客烹茶的理想用水。据载，天山山脉支提山的小童峰“傍有仙井，泉极甘冽”，还有“一线泉”，从石壁中出，味冽，亢旱不竭。虎贝那罗岩“群峰插汉，北涧崩流”。碧支岩“水滴如浆”，味甘冽，盛以石盆，额曰“天浆甘露”。雨花岩，“高数十米，泉喷如玉，昼夜不辍，右进数百步为珍珠帘，悬崖乱瀑，络绎而下，或时风起，左旋右转，如倾万斛珠玑，对立神爽”。仙坛，西南有石瓮，贮水色白味佳。按唐《沙门道世》《清苑珠林》引《冥祥记》云：“晋安罗江县（即蕉城区）有霍山，其高蔽日，上有石杵，面经数年，杵中泉水深五六尺，经常流溢。古老传闻，列仙之所游饵也。”霍林洞，“下极平坦，中有一窟，泉味如醴”。在大童峰有瀑布泉。

宁德蕉城区定泉井（吴洪新摄）

在支提寺右的天柱峰麓有“甘露泉”，“味极甘冽，诸泉之最”。小墩有“玉露井”（一名仙井）。

宋代以来，人们就对煎茶、品饮十分考究，并注意选择甘泉煮泡。宋淳熙十一年（1184）洋中镇进士周牧在游蕉城区“资圣寺”曾留下“烹茶亟取盈瓶雪，一味清霜齿颊含”的诗句。

宋代庆元（1199）任永州东安知县的高颐，曾把宁德城西白鹤山下的定泉井喻比“天下第二泉”的无锡惠山泉水。诗曰：

惠山之泉甘如饴，但随茗枕争新奇。
廉泉让水名匪欺，只以贤者为品题。

这表明他对于沏茶用水及烹煮茶叶技术，亦有丰富的经验。

明代林观《望仙岭》一诗中，有“甘泉少试茶成乳”之句，形象地说明了泉煮泡名茶的做法。

现在要想泡得浓醇鲜爽和清澈的茶汤，还需用名泉水。正天山绿茶以名泉水泡出茶水，饮后令人心旷神怡！没有条件取到泉水，可用矿泉水或纯净水，或经净化后的自来水。

（七）天山绿茶泡饮方法

唐朝制造蜡面、饼茶、贡茶，其品饮采用烹煮汤饮方法，其后讲究泡煮用水和茶具。宋朝后用饼茶，在品饮时，将其碾碎加调味品（如橘、姜、枣等）烹煮。明朝后，改制散茶，贡品“芽茶”“茶叶”，既不用碾碎，也不添加调味品，直接冲泡，感受品茶的真趣。当今，随着各种品类的增多，也形成了多种泡饮方法。主要注重茶品的色泽、香气、滋味、外形四个方面。

洋中溪亭品茗图（宋）

冲泡方法

茶水比例、水温高低及冲泡时间长短，因茶品的不同而不同。泡茶水量要适当，一般1克绿茶用50—60毫升的水冲泡。高档幼嫩的早春绿茶用水量略少些；较粗老的夏秋茶，泡水量宜多些。冲泡水温，一般高档名茶，冲泡水温不宜太高，掌握在80℃左右；中级绿茶水温控制在70—80℃为好；低档茶则可提高到90—100℃。冲泡时间，一般以3—5分钟为宜。嫩茶冲泡宜短些，粗老茶冲泡时间可长些。

冲泡步骤

选好产品，备好茶杯，称好茶量。依茶叶级别和数量（一般3克左右）掌握好热水温度和水量数（200—250毫升）。冲泡后盖上杯盖，置4—5分钟，即可品饮。如果中低档茶，且用茶壶冲泡，可依茶壶的大小，放进3—4克干茶或更多茶量，再冲入沸水加盖，静置4—5分钟，然后倒到茶杯，供众人饮用。当饮至一壶的1/3茶水时，可再冲入沸水。其第二道茶水饮用最可口，茶汤浓郁而清香。当饮至剩下1/3茶汤时，又加入沸水，泡出的第三杯茶汤仍较浓爽。正天山绿茶，一般冲泡四五次仍有余香。过去产制的七碗茶、岩茶如上法冲泡7次，尚有风韵。

天山绿茶冲泡（茉莉雪芽）（刘郑美供图）

七

茶俗茶谣茶艺秀

首届海峡两
名茶品
主办单位
承办单位

（一）茶乡茶俗

洋中镇自古有户户种茶、人人饮茶之习俗。人们种植茶树，采制茶叶，除作贡品、礼品、商品之外，家中均留有自用的茶叶，供自家饮用、待客、送客、祭祀、婚丧、祛病等俗用。

饮茶习俗

自古，蕉城区城乡民众均有饮茶、品茶的习惯。清晨、夜晚或工暇时间，人们常冲茶品饮。农民、工人在田间或工场劳动、生产，用陶瓷罐壶、锡茶壶或竹筒装茶水备饮。天山茶区过去贫苦人家常缺菜肴配饭，就以茶水当菜汤，佐餐送饭。

以茶敬客

客来敬茶，乃民间传统礼俗。民谚云：“过厝就是客，茶烟没分家。”宾客临门，必定是先茶后点心、饭，故有“茶哥米弟”之称。有客来家，家庭主妇手托茶盘奉上一杯香茗，以示对客人的尊重、亲和。贵宾稀客登门，还敬之于“糖茶”（茶水中加冰糖或白糖），更表礼敬。客人临走时还有送一包山茶做“手信”，俗称“面礼”。乡民过年要喝“做年糖茶”，到别人家拜年要喝“冰糖茶”，象征一年到头口甜心甜。山区还有用红枣、橘皮丝或其他调味品等冲茶待客。明清时，提学道岁考、生儒进学、升迁等均要岁办“茶饼”，以茶敬客。

茶可表敬意（刘郑美供图）

以茶祭祀

民间常以茶作为祀天祭祖的供品。洋中镇每年农历正月初一、五月端午节、七月初一、七月十四烧纸、十五兰盘节、十二月二十四请灶神、十二月三十除夕等节日，都得用“三茶六酒”祭祀，告慰神灵、祖先，庇佑平安，寄托未来。农历十二月二十四祭灶供“送神茶”、除夕春节供“茶米水”，正月初一早供“年茶”。

畲族茶风

蕉城区八都猴盾一带畲族村庄，正月初一晨，还有向祖宗“讲茶”的民族礼尚。“讲茶”时，每位祖牌前均放一盅杯，而后膜拜，

畲家茶俗（引自《茶韵年华》）

其捧茶、举茶、献茶等仪式之手势及祷词，都依格而行，非族长或家长莫能为之。正月十五是畲民的祭祖节，他们于宗祠内的祭祀案桌上摆供茶、酒、三牲，敬祭祖先。

以茶为药

蕉城区乡村间流传“早饮一杯茶，可轻身明目”之民谚，说明茶区人民早已认识到茶的药理作用。老茶区的村民们在漫长的种茶和饮茶历史中，探索和积累了许多饮茶健身及祛病的经验。如御寒用“姜母茶”，治肚痛用“茶米醋蛋”，压惊用“茶米蛋”，消毒用“茶浓盐”，小儿惊厥用“雷鸣茶”，化积用“浓茶”，祛气用“橘皮茶”，进补用“枣茶”，平肝用“蜜茶”……

婚俗茶礼

传统上认为，茶性最洁，为男女爱情冰清玉洁的象征。茶多籽，又成祈求子孙繁盛、家庭幸福的象征。据《洋中村志》记载："男女从订亲到结婚有三道茶的礼节：一是订婚时为下茶礼，男家用红纸喜袋，包上好茶和冰糖，与衣衫等物一起送给女方。同时在送订亲聘礼的槰层（圆形木盛）两边用红线扎上茶枝和宝花枝（柏枝），女家收一半。二是新婚之夜为'定茶礼'，闹洞房者有喝新人敬泡的'新娘茶'之礼俗。三是同房为'合茶礼'，当夜夫妻互敬蜜糖茶，次晨新媳妇还要给长辈亲属礼敬'会亲茶'。新媳妇进门前的陪嫁物中，还备有锡茶罐、锡茶壶等茶具一套。

锡茶罐是天山茶区青年新婚嫁妆之一

丧俗茶仪

丧礼茶仪由来久远。治丧期间，大厅灵堂前应敬祀“茶米水”。奔丧客人来临以茶敬之，以示安神节哀。逝者入殓时，尚要于其手旁放一小茶枝；停柩待殡灵堂期间，夜晚还供以茶点等，称“兆茶”。在老茶区洋中，逝者出殡之日，亲朋戚友集体送葬（送灵）到停放灵柩的丁楼或墓地后，送灵的妇人们返回时，必须到园地拗茶枝带回家中，以示吉祥、长青。

（二）寺院“普茶”佛仪

宁德优质名茶，历史上总是与山水休戚与共，总是与名胜道观古刹结缘。道教视茶为长寿不老的仙药，佛教颂茶为神物。自商周至汉朝、三国以来，仙家、道家以茶为“轻身”之宝，他们以茶制药，以茶为保健之良品。亦有坐禅饮茶，以驱除睡魔，彻悟心性。

蕉城区境内名山古寺众多，尤以天山为著，自古均产名茶。蕉城区境内的支提山，乃华夏历史上五大名山之一。支提山群山起伏，峰高林荫，泉清雾重，寺庙众多。支提禅寺等，沿袭唐代百丈大师首创的佛教“普茶”仪式。名山僧人多“禅农并重”，一边修行，一边从事种茶、制茶及其他农业生产。经过一年辛劳，在春节来临之际，他们手捧茶杯或茶碗，聚集于佛堂举行“普茶”活动，既奉祀佛祖，又品饮自己产制的名茶。

支提寺僧人行普茶礼（引自《中国福建茶叶》）

明清时期，支提山的游人络绎不绝，人们在支提山诸寺院、名山揽胜之余，留有吟茶之佳句，如余圭《支提寺》、林士愚《读支提志》、吴延琪《题支提寺》、释照古《过碧云庵》、诗僧通质《游辟支岩》、陈沆《寄慧山石莲上人》等。

闽东诸古刹多建于深山静地，香客游人多要翻山越岭，古时峰岭要道设立茶亭、茶寮或茶室，煮茶款待游客。支提山紫芝峰上旧有茶亭，于明万历三十七年（1609）由支提住持禅师明启建有紫芝静室。清康熙宁德人崔世召在《募天岩静室开山疏》文中提及紫芝庵时云："庵为茶亭旧址，瓢笠相望，游履之所必经。皖城方仁植刺史额其处曰'初欢喜地'。师意欲以接众勤行，自翻经华藏中，而令一比丘常住煮茗，以供游客，数十年于兹，亦可谓疲于津梁矣……"

（三）天山茶诗茶谣

“天山茶区茶文化底蕴丰厚，绚丽多姿。不仅有独特的民风茶俗、佛教茶礼，又有美丽的传说，丰富的茶诗、茶歌，并发现还有悠久的窑迹。”这是中国著名茶学家骆少君在《宁德佳茗·天山绿茶》一书序的一段话，它高度概括了天山茶文化的多彩多姿。

自天山发现茶至今近四千多年的历史长河中，有无数名士文人，在茶区揽胜品饮名茶之余，留下许多吟茶诗文，诸如本邑名士的《资圣寺》（周牧）、《定泉井》（高颐）、《茶园晓霁》（林保童）、《望仙岭》（林观）、《茶园牧唱》（李拔）、《采茶曲》（叶开树）、《清明后二日》（陈海嵩）、《支提寺》（余圭）……这些诗赋反映出名茶采、制、烹、煮、饮、品等美妙的情景。

洋中镇和石后、虎贝一带的茶农，自古喜爱对歌盘诗，出现有许多民歌民谣，从古代流传至今最著名的山歌是《采茶歌》（有歌词和曲调），歌中借采茶和一年四季自然花木变化，以历史人物典故弘扬茶文化。据福建宁德市（原宁德地区）地方志《洋中村志》（1995）的记载，其歌词如下：

正月采茶是新年，抱石投江钱玉连；
绣鞋脱在江边口，连叫三声王状元。
二月采茶桃花开，苏秦求官空手回；
堂上爹娘双不睬，妻儿不肯起跪来。

茶山春韵（谢书秋摄）

三月采茶百花开，无情无义蔡伯谐；
有情有义赵氏女，昭君塞上筑云台。
四月采茶茶叶长，甘罗十二为丞相；
甘罗十二年纪少，太公八十遇文王。
五月采茶石榴红，杨肆将军斩泾（河）龙；
左手拿（抓）龙右手斩，一点血水满江红。
六月采茶热洋洋，李远别妻李三娘；
你去邠州十六载，麦房生下姣姣郎。
七月采茶七月班，目连救母下“阴间”；
十八“地狱”去寻母，不见亲娘泪不干。
八月采茶桂花开，董永卖身葬父亲；
董永孝心感天地，天送仙女结成亲。
九月采茶九重阳，单刀匹马关云长；
斩了颜良诛文丑，赠鼓三声斩蔡阳。
十月采茶是立冬，霸王自刎在乌江；
霸王自恃英雄汉，韩信功劳不久长。
十一月采茶雪飞飞，王祥孝母脱寒衣；
脱去寒衣冰上卧，天送鲤鱼敬母亲。
十二月采茶冷凄凄，孟宗哭竹在山林；
西边哭竹东出笋，郭巨埋儿天送金。

这首《采茶歌》以采茶调进行歌唱，唱出了天山茶区人民对社会良风美德的颂扬，对历史人物的褒贬。在短短的一首民歌中描述了诸如钱玉莲、苏秦、蔡伯谐、王昭君、甘罗、姜太公、周文王、杨肆、李远、目连、董永、关云长、霸王（项羽）、韩信、王祥、孟宗、郭巨等不同时期的历史人物形象和光辉典范。曲调简练，语言通俗、生动。

（四）天山茶艺

2003 年，由蕉城区茶业管理局和宁德职业中专学校联合组建茶艺表演队，创作了融传统茶艺与现代风韵为一体的具有蕉城天山绿茶、茉莉花茶、闽式乌龙茶独特风格的茶艺。

宁德蕉城区天山茶艺队在首届海峡两岸茶业博览会上表演茶艺（吴洪新摄）

2003 年 4 月，在上海举行的第十届上海国际茶文化节上，宁德市蕉城区天山茶艺队代表福建省向全国各地参会者表演了这一组茶艺，柔美、娴熟的茶韵，给人留下了美好的印象。之后，他们参加了由国际茶文化节组委会主办的“松阳银猴”杯茶道交流晚会，表演了由郭雅玲教授、孙云教授及吴雅贞等创作的《天山迎春绿》——

在悠扬的音乐声中，慢慢地云雾起：

遥望天山，

祥云缭绕，绿雾缥缈，

浮荡着春光瑞蔼……

一群清灵的女孩，

仰慕天山，探访天山……

且看那瀛洲击水，霍童泛舟，凤凰点头，天山腾绿，蕉城凝春。

从远处传来了（配乐茶艺表演）：

天山绿茶是福建省的历史名茶；1982 年和 1986 年两次荣获全国名茶称号；1995 年在中国农业博览会上又获金奖；2012 年蕉城区被授予“中国名茶之乡”；2013 年“鞠岭”牌天山绿茶被国家认定为“中国驰名商标”……茶乡人把热爱自然和追求美好的愿望都融入了古远而清新的天山迎春绿。

第一次斟茶：嫩嫩的清水绿舒展着石溪的诗意，纤纤的白玉螺绽放着洞天的浪漫。天山对迎春说，飞翔吧，你的绿是生命之绿。天山对清水说，荡漾吧，你的绿是纯净之绿。于是，绿之遐想展开了双翅……

第二次斟茶：带着踏青的笑语，我们从天山而来，追逐踏浪的欢歌，我们向三都奔去，天山的绿与海洋的蓝相约，蓝色的海承载了天山的绿，让天山的清芬飘向五洲。茶情久久荡漾，只因走进自然，踏浪三都澳，良港天然，山香水香鱼米香。走近蕉城区，天山奇秀，山绿水绿迎春绿。

……

宁德蕉城区天山茶艺队在“松阳银猴”杯茶道交流晚会上表演茶艺（郑康麟供图）

美妙的《天山迎春绿》茶艺表演，博得了国内外茶叶界、茶艺界同仁和友人的赞誉。

八

一脉茶香世代传

（一）近代茶庄茶行

自清末至民国后期，洋中镇曾有近百家茶庄、茶行或茶商，蕉城区城关及附近茶区亦有数百家，从事茶叶购销、贩买或兼营其他商品。还有人在宁德县城、福州等地设点专营茶叶经纪业务。

白鹤岭古官道

全祥茶庄

清同治丁卯（1867）前后，有来自山东、天津一带的茶商（俗称“京帮”），每年茶季即在天山茶原产地洋中一带设茶庄收购

洋中镇章后村鞠多岭头全祥茶庄遗址（吴洪新、阮克镎、陈言慨、刘永爱供图）

茶叶。清末，山东茶商谢先生，还在章后村鞠多岭头建房设全祥茶庄（遗址房基尚存），专门收购天山茶，嫩茶销往华北，粗茶运至南洋。每年购销正天山绿茶 10000 千克以上。

如意茶行

清末，西乡庄茶店行兴隆，红茶销往天津一带，绿茶多经销福州或北方。三都澳开港之后，洋中街周洪烈等在铁沙溪（今濂坑村南面）开设如意茶行，收购西乡天山绿茶及外地茶，通过三都澳福海关输往沪、浙、榕、台等地。每年清明至 9 月间，平均每天都有 200 多担茶叶在这里启运。该行曾产制天山红。

同泰店及合兴店

民国元年至十一年（1912—1922），周洪意、周伕增、周吉朝、周吉营、周玉坎等合营同泰店，曾经营庄茶发送到福州的业务。当时同泰店为洋中镇规模最大、最兴旺的茶行。他们把收购的天山茶运销福州，又从福州采购百货及京果等货在洋中街头销售。1922 年该店

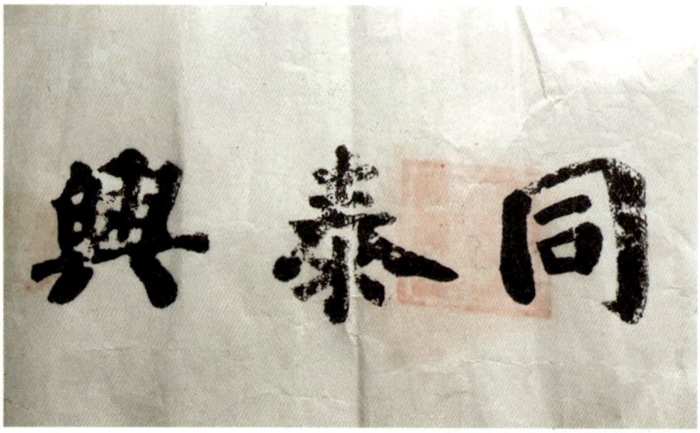

洋中“同泰兴”原店牌印证（周玉潜供图）

股份重组，周吉朝、周吉营兄弟及后裔将同泰店改为合兴店，在原址继续经营茶叶、百货等，其店仍为当时西乡很有名气的茶行、商行。这时门店由董事周长向、周长忭等坐店经营。合兴茶行仍常年购茶运销福州。但1945—1949年，政局不稳，茶市萧条，茶庄多有困难。由周长滚、周长忭等于民国三十五年（1946）先后两次庄茶发往福州，因销路不佳而亏损，使茶叶经销急速衰退。

洋中合兴茶庄董事周长忭（1940年于福州台江）

洋中合记等其他茶庄

民国中后期，合记、聚成颐、同仁、恒新、新珍等十几家茶庄，也开张经营茶叶。合记、同仁、恒新等茶庄还派人坐庄福州南门兜、下杭街等处，从事茶叶经营。天山茶区生产的茶叶多由茶商或经纪人运抵福州宁德会馆，售予台江区“生顺”“良友”等茶行、茶店。

“一团春”茶行

“一团春”茶行是由林延伸创办，行址在蕉城区原碧山街上的新桥头与池头坪之间。

据陈玉海记述，20世纪初，“一团春”茶行的创办者林延伸，敏锐把握当时国内外茶叶市场上的旺盛需求信息，一开始就生产、经营精制绿茶、工夫红茶、特色花茶。清光绪三十四年（1908），在碧山可园、大桥头溪畔种植茉莉花、玉兰花等窨制花茶的香花。同时，开始加工窨制茉莉花茶，并结合制造工夫红茶。宣统二年(1910)，试制“玉兰片花茶”成功。民国四年(1915)，选送玉兰片花茶参加在美国旧金山举行的巴拿马太平洋万国博览会，荣获银质奖。民国后，年加工花茶1000担左右，运销天津、上海、香港等地。在闽东北地区，利用玉兰、茉莉熏制花茶，“一团春”茶行当时是第一家。

为了开拓市场，“一团春”茶行将总行设立在天津，并在北平(今北京)、青岛、上海、宁波等地分设茶庄。林延伸委派第五子振琮住津门主理茶叶运销。第六子振仕主理茶厂制造。由此，“一团春”茶行办得越发红火。每年海运津、沪单花茶就达100多担。运往福州的，由福州茶行、宁德会馆代售，经生顺茅茶行销往我国香港、澳门地区以及东南亚地区。陈衍曾感叹“厂中男女职工赖以糊口者数百家”，可见其生产规模之巨大。

兰成茶铺

兰成茶铺老板缪济川，又名德盛，字尚舟。据《宁川茶脉》载：咸丰末年，他与别人合作开办茶行，赚到第一桶金。清同治年间，他在宁德城区东门外(今海滨路)霍童埠头附近盖了一座土木结构的房子作为茶铺，并取名“兰成茶铺”，之后又在宁德蕉城海滨路——人们叫做船头街的地方建兰成茶铺。缪济川联合郑实圃、陈中和、宋大成、萧万澡、萧方仞、周声著、魏衡卿等8家股商成立茶商理事会，并被推为理事长。他们于清同治元年 (1862) 筹备在福州铺前顶建宁德会馆。茶叶贸易不断发展和壮大，鼎盛时期员工达几十至上百人，各种土特产齐上阵，糖、烟、酒、油料等种类繁多。宁德会馆成为货物集散中心、文化交流中心。当年由于三都澳福海关未开埠，所以霍童的茶叶都是运往福州再转口输出海外。为了解决海上交通问题，他们联合购买了一艘轮船，作为三都澳通往福州航线之用。

兴隆茶行

兴隆茶行老板冯毓英，年幼时跟随父亲采卖中草药为生。他发现天山一带出产的绿茶品质比其他地方的要好得多，可称得上是绿茶中的上品，然而天山茶区山高路远，交通不便，市场信息闭塞，山区茶农卖茶叶十分困难。冯毓英看到这一情况，得到他父亲的支持后，开始经营茶叶生意。起先，他组织一些人到洋中天山一带乡村，收购村民初加工的成品茶运往城关转卖，从中赚取差价。有了一定的收入后，开办了自己的茶行——兴隆茶行。每年都有大量茶叶被加工、分拣，打包走山路或水运到福州。他在福州下杭街设有办事处，由三弟和其子冯瑞麟长驻办事处，与福州新润茶行老板合作，将茶叶转往各地出售，从福州运回来的就是银元和布料。经过几年经营，兴隆茶行无论在宁德，还是在福州一带都有较大影响。冯毓英发现西方发达国家茶叶贸易市场潜力很大，利用长子冯近凡在美国留学的机会，把天山茶销往美国等国家。

（二）近现代茶人

周洪烈（1860—1923）

周洪烈，又名大宾，字亦如，又字敬齐，宁德蕉城区洋中镇人。清末国子监太学生。他是天山茶区的茶叶实业家、企业家，曾在三都澳西北海边的金涵濂坑村铁沙溪开办如意茶行，专门购销原宁德县西乡天山茶，通过三都澳福海关将茶叶销往沪、浙、榕、台以及海外。他为人豪爽、好结交，善于联系中外客商和茶农，热心社会公益。曾得时任中华民国海军总长萨镇冰（后为民国政府代总理、中华人民共和国成立后任全国政协委员）的赏识和褒扬。1919 年元月，周大宾 60 岁寿诞时，萨镇冰到洋中，为周洪烈题写寿匾，文曰：“海军总长、福建全省清乡督办萨镇冰，为清国子监太学生周大宾六旬荣寿立‘绛县遗风’。”

林延伸（1867—1929）

林延伸，小字佛应，字聘直，学号理斋，宁德蕉城区原碧山街人。清末例贡生，光绪年间授福建罗源县学教谕。闽东近代著名实业家、茶业企业家。根据《宁川茶脉》载：他倡导学习西洋科学，振兴实业救国，为地方公益多有建树。清末民初，他创办了“一团春”茶庄，在宁德大桥头、碧山可园首创野地栽培茉莉花、白兰花，首创窨制花茶，年产 50 吨。“运销南北洋，西商踊跃争购”，开创闽东花茶生产先河，誉满中外。他哺育八子，多为大中专毕业生。

长子林振翰是中国早年《汉译世界语》的编译者、近代著名盐务专家；六子林振仕，上海大同大学肄业，后接任“一团春”茶庄总经理。

冯毓英（1892—1954）

冯毓英

冯毓英，又名冯杰，祖籍宁德蕉城区洋中镇莒溪村，出生于蕉城区城关。他深谙营销之道，懂得如何扩大经营之法，一方面将山区收购的茶叶进行分类挑拣，按品质分类出售，提高了利润；一方面寻找合作伙伴，建立稳定的购销渠道。经过几年的努力，年纪轻轻的冯毓英就拥有了巨额的财富。20 世纪 30 年代初，冯毓英在宁德小东门开办了自己的茶行——兴隆茶行。他在福州下杭街设有办事处，与福州新润茶行老板合作，茶叶销量大。

1945 年日寇兵败途经宁德时，一把火把这一年刚收购进仓库的 1000 多担新茶全烧了。大火过后，房倒屋塌，不剩片瓦，所有的财产都在转眼间化为尘烟，剩下小东门家里的几十担茶叶也被推进房前小河中。这一巨大打击，差点使冯毓英一蹶不振。好在他平时为人善良正直，困难时得到商界朋友的鼎力资助，很快就重振旗鼓，东山再起。

他从三都澳口岸对外出口贸易中看到商机，开始了对外贸易的行动。他让学习成绩优异的长子冯近凡出国到美国哈佛大学攻读国际贸易系和城市管理系，取得双博士及纽约市立大学商学院贸易系硕士学位。冯近凡出国后，冯毓英将天山茶出口到美国等西方国家。后来，冯近凡成为著名海外华侨企业家。他身居异国，心怀祖国。20 世纪 70 年代以美国华侨商会会长身份陪同美国总统尼克松访华，受到周恩来总理接见。冯近凡为我国茶叶包括天山绿茶的出口到国外做出了贡献。

刘郑美（1957—　）

刘郑美

福建蓝湖集团的创办人，出生于宁德蕉城区洋中镇。1991 年他辞去国企老总的职位，“下海”闯荡中国香港、马来西亚、新加坡、日本，终于在美国洛杉矶奥运会那年创办了第一个公司——美国威城国际有限公司，开始了出口贸易的生涯。1996 年他移师福建，首先在天山茶区建立 500 多公顷高标准茶园，兴办天湖山有机茶叶加工厂，产制“天湖山”牌天山绿茶及御春芽、红茶、茉莉花茶、白茶等系列产品，95% 产品外销。其后，他在蕉城区洋中天山、江西婺源等地建成 600 多公顷有机绿茶生产基地。他曾主持实施“有机绿茶种植及深加工技术”“微波烘干在茶叶加工中应用研究”“数字化温控技术在茶叶保鲜中的应用研究”项目，曾获实用新型专利

6项。他把集团总公司设在福州，在宁德蕉城区等地设立9个全资子公司，成为一家集种植、生产、加工、进出口贸易为一体的综合性跨国、跨省、跨行业的集团企业。企业主营天山绿茶等名茶，以及农副产品等。近年，蓝湖集团又创新研制天山御春芽、有机毛峰等绿茶，还有以天山绿茶为原料窨制的花茶，如茉莉雪芽、茉莉翠绿等。其产品外销到欧盟、美国、中东、东南亚、澳大利亚及中国台湾、香港等76个国家和地区。

集团先后被评为福建省标准示范基地、科普示范基地、科技先进集体、福州市农业产业化龙头企业、福州市现代农业技术创新基地。“天湖山”品牌，被评为著名商标。2010年“天湖山”牌的天山御春芽、茉莉花茶，双双获上海世博会名茶评优金奖。

周绍迁（1970— ）

宁德蕉城区人，现任福建仙洋洋食品科技有限公司董事长、高级工程师、天津科技大学食品工程与生物技术学院院外科研院长、中国茶叶标准化委员会委员，为中国茶饮料标准起草人之一。

周绍迁

1992年，他从福建宁德挑着一担茶叶来到北京城，从小商贩做起，之后开设“憩园”茶店，又把“店”变成“憩园公司”，闯出一片天地。正当事业如日中天之时，他却放弃京城优越的生活，回到宁德，投入2000万元再创业，建立了仙洋洋食品科技有限公司，将普通茶叶加工制成高科技的浓缩茶汁、茶粉等。他主持科研组研发“利用膜分离和膜浓缩技术提取鲜茶浓缩汁”获福建省科技进步三等奖，两种制作方法和产品获发明专利。他在专家网上发表论文，主持完成3项科技成果鉴定，承担国家级项目2项、省级5项，完成公司新产品10余项，主持重大技术攻关和产品开发2项，取得20多项国家专利。如今公司为“国家高新技术企业”，“仙洋洋”获中国驰名商标。他不满足于现状，又于2014年始，筹资5亿多元，在蕉城区建起了15.3公顷的宁德茶产业园，发明了全国最先进的生物萃取高智能设备，成为中国茶叶精深加工企业的标杆。他的业绩被载入《中国茶业年鉴》（2013—2016）。

后记

绿茶，是我国从古至今最古老的茶类，也是福建茶叶产制历史最悠久的茶类。绿茶，还曾经是福建产量最大的茶类，曾占全省茶叶总产量的 40%—54%，近年福建绿茶产量仍占全省茶叶总产量的 30% 左右。福建绿茶品质以天山绿茶为最。

福建宁德市蕉城区，在中国的版图上仅是一个星点，然而宁德蕉城区的天山绿茶、支提山、三都澳——这三个重量级的词汇，在中国乃至世界上却赫赫有名，而这三个词汇均与天山绿茶有着千丝万缕的联系。

2018 年 7 月，应福建科学技术出版社和宁德市蕉城区茶业局之约，我接受了本书的编写任务。旋即开始收集、整理资料和图片，于 8 月 20 日完成了初稿。之后，根据福建科学技术出版社编辑提出的修改意见，几易其稿，多方补充图片，于 10 月初完成了书稿编写工作。

本书简明扼要地介绍了天山绿茶的历史渊源、产地风貌、产制技术、品质鉴赏、技艺传承，以及茶乡茶俗，等等。在编写过程中，我们坚持以史为鉴、存真去伪，力求讲好天山绿茶的故事。

本书的编撰，得到宁德市茶业管理局、宁德市蕉城区茶业管理局的大力支持，龚清团、郑康鄰、吴洪新等同志提供了部分资料及大量图片。《福建茶文化》摄制组、宁德蕉城茶文化研究会、《宁川茶脉》编辑部，以及郑承东、周玉珂、阮怡朴、唐招僧、宋经、博炜生、陈言抖、周玉潜、刘永存、陈言概、林峰、周绍迁、刘郑美、阮克镎、郑其英、刘永爱等也提供不少精美照片。敏捷工作室李巧燕女士帮助整理打印书稿。在此，谨向他们表示衷心感谢！

本书内容涉及历史跨度大，加上编撰时间紧，难免文献资料不全或遗漏，恳请读者指正。

周玉璠

于榕城寓所